頂尖綠能產業動態

2010-2030 能源科技管理

劉華美　著

五南圖書出版公司 印行

目錄

1 前言

中國雲南麗江太陽能光電電站

歐盟是及至目前全球太陽光電 (Photovoltaic, PV) 技術及產業發展最快速的區域，其發展與形成的脈絡除了政策上的推動之外，也透過不同的歐盟研究組織進行技術策略的評估、技術願景的設定與實施計畫的推動，而在今日呈現相當系統、豐富的發展樣態。

在政策面向上，歐盟除了於 2001 年公布 RES-e 指令即提供了綠色能源發展目標的法令架構與支援，由歐盟產官學研組成的「太陽能光電技術研究諮詢委員會」 (Photovoltaic Technology Research Advisory Council, PV-TRAC 2006) 宣示指出，歐盟策略行動計畫白皮書設定 2010 年達到 3GW 的太陽光電設備供電量，以確保(一)歐洲能源供應的多樣性與安全性，(二)減少對於氣候變遷的衝擊，(三)促進全球的經濟全面成長，(四)創造歐洲太陽光電產業的蓬勃發展並確保歐洲在此的領先地位[1]。

在這個政策目標之下，隸屬歐盟執委會之下的「歐洲研究委員會」(European Research Council) 在推動成員國間科研合作及國際間科研合作的「歐洲研究區域」(European Research Area, ERA) 架構下，根據歐洲共同體條約第 169 條成立各會員國參與「太陽光電歐洲研究區域網絡」(PV-ERA-NET)[2]，以這個國家級的研究平台大力推動關鍵技術的應用整合，如材料研發、奈米科技、光學化學、分子化學等來強化來並突破太陽光電技術的瓶頸，或透過與電力輸送網格聯結、與建築物的整合或混合的能源技術，來延伸太陽光電技術與產業的發展潛力。另一方面，歐盟又設立了與 PV-ERA-NET 平行的「太陽光電技術平台」(PV Technology Platform, PVTP)，來主導並進行對歐盟「太陽光電策略研究期程」(Strategic Research Agenda, SRA) 的發展方向，分別以短程 (2008-2013)、中程 (2013-2020)、長程 (2020-2030) 三個階段來設定歐盟太陽光電技術、系統發展的目標。並且，統合各研究組織的政策評估及太陽光電策略研發期程的技術發展目標，實際的推動與投入第六期至目前第七期的歐盟科研計畫架構之不同研究計畫之中。

相對於歐盟，台灣目前也極力的推動太陽光電產業，企圖透過既有的電子、半導體產業、LED/LCD 的產業經驗及技術人才，發展極具潛力的綠色能源技術。本計劃的研究重點在於透過對歐盟太陽光電研發之政策組織、策略及具體研究計畫的探討，來比較並分析台灣介入並參與歐盟第七期科研架構計畫的競合策略的可能性。在研究的方法上，本書將整理全球太陽光電市場的產值及技術發展，尤其將系統性的扣緊前揭歐盟對太陽光電技術發展策略的太陽光電策略研發期程評估面向，對應其在 FP6 到 FP7 的各類第一代、第二代至第三代太陽光電科研計畫的發展，來初步評估台灣相對的技術研發與突破所可能與歐盟第七期科研架構計畫的競合策略。

首先，本書將討論全球太陽光電市場產值及技術發展、世界各國主要具有技術優勢的太陽光電業者，並相應的分析台灣太陽光電的產業、產業技術及產業聚落的推動。其次，本書將初步的分析德、日、美三大技術優勢國的技術景況，而以此細部的探討歐盟太陽光電策略研發期程的短程、中程、長程的研發策略，作為掌握歐盟發展太陽光電的技術目標。第三，本書分別討論歐盟第七期科研架構計畫的研究項目與具體計畫，指出歐盟目前推動太陽光電技術發展的研究重點與可能突破面向。第四，在與歐盟第七期科研架構計畫的競合策略分析思維上，本書首先將對應太陽光電策略研發期程與第七期科研架構計畫的策略研究標的與研究細項，同時，將部分帶入歐盟太陽光電廠商的技術優勢與生產優勢，來分析歐盟太陽光電研究策略方向。第五，相應於歐盟的部分，在台灣部分，我們將探討主要以工研院太陽光電中心的研究重點及台灣廠商技術重點突破的項目，來分析台灣的技術優勢、弱勢，並指出台灣太陽光電產業的 SWOT 問題，而對應性的討論台灣與歐盟第七期科研架構計畫太陽光電技術研發合作的 SWOT。最後，在這些基礎之下，本書將初步的提出台灣與歐盟太陽光電研究策略的比較，而指出與第七期科研架構計畫研發的競合策略。

1 在太陽光電技術的評估面上，PV-TRAC 指出，第一，2001 年再生能源分別占世界主要能源供應及總電力消費的 13.5% 及 19%，而如今電力的大幅提升多半是來自幾項再生能源的供應，包括生質能、風力、地熱、太陽能及太陽光電。每種再生能源的成本取決於各地區所具備的條件，相對於其他傳統或再生能源，太陽光電在發電上的成本要比其他能源來得高，惟相反地，像是在發電效率及太陽照射範圍上，太陽光電卻有其得天獨厚的優勢。此外，因為太陽光電技術的持續成熟發展，未來在成本上也將大幅降低，且在發電上更有效率。第二，太陽光電技術的發展潛力雄厚，50 年代，研究人員在貝爾電話實驗室研發出晶矽太陽能電池，1958 年，類似的電池也被運用在太空技術中。1980 年代，太陽能電池才開始進入商業市場，從此也使得太陽能光電技術發展突飛猛進。根據現在的太陽光電技術估算，至少能夠將效率提升至 15% 到 20%。持續的效率提升仍然是必要的，如同「太陽光電策略研究期程」(Strategic Research Agenda, SRA) 內容所言，這需要更新的方法來加以推行，使效率在 2030 年前可提高到 10% 至 30%。參照 PV-TRAC (2006)。

2 這個主要驅動研究及技術發展 (RTD) 並協調整合在不同國家或區域的的太陽光電平台，成立於 2004 年 10 月，及至目前有來自歐盟境內 12 個國家的 20 個參與者，其中國家級的研究計畫案有 20 個，地區性的則有 2 個。其整體目標在於利用歐洲各國間的研究計畫之整合與協調，來加強歐洲在太陽光電技術的領先地位，以達成一致性、創新及經濟成長等長期遠景。這個整合太陽光電研究及技術發展的網絡，不僅能強化單一的計畫及其相互間的連結，甚至是延伸到與產業、歐盟內各種研究計畫與組織的聯結。參照劉華美 (2009)，簡介歐盟 PV-ERA-NET 與第 7 期科技研發架構計畫 (FP7) 之關係，能源報導 2009 年六月號。

2 太陽光電之
全球市場、產值及技術發展

太陽能照明燈

2.1 太陽光電之全球市場及產值

目前全球太陽光電市場主要集中在歐洲，此主要可歸功於 2004 年德國「固定優惠收購電價」政策的實施奏效，且帶動歐盟其他 16 個國家紛而仿效，甚至影響了世界其他地區。2008 年為太陽光電發展的關鍵時期，受到全球性金融風暴的漫延，且各國優惠電價政策陸續向下調整的影響，預計 2009 至 2012 年將

是太陽光電市場從依賴政府補助與政策推廣的傾向，轉變到脫離政府補助的過渡時期，預計全球性的太陽光電供需失衡的情況也將越愈明顯（圖 2-1）。2012 年前的太陽光電市場仍將是由歐洲居於第一名的地位，占全球市場比例的 48%，但美國及亞洲市場亦將日益擴展，後續實力則不容小覷。根據由歐盟產官學研組成的「太陽能光電技術研究諮詢委員會」(Photovoltaic Technology Research Advisory Council, PV-TRAC) 的評估，過去數十年來，太陽光電技術的發展成果豐碩，價格的降低、商業及實驗研究的進步及系統的可靠性就是太陽光電技術發展蓬勃的證明 (PV-TRAC 2006)。

全球太陽光電供需預測

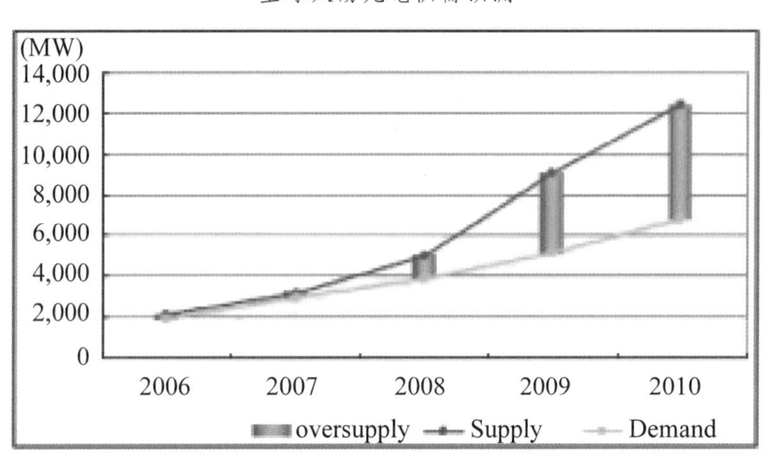

資料來源：PV News、IEK (09/2008)、IBTS 整理

圖 2-1
全球太陽光電供需預測

就 2007 年來說，全球的太陽光電總市場量為 2,392MW，歐洲占全球市場量的比例高達 69%。2008 年總市場量為 5,559MW，歐洲占去了 81% 的市場量，且在亞洲及北美洲的市場受韓國及美國市場變化也有大幅的成長，美國的全球市場量約占全球的 6.2%（見圖 2-2）。若以國家別來說明 2008 年全球市場分佈情況，則是大部分集中在西班牙、德國、及美國及韓國等四個國家，比利時、捷克、日本及葡萄牙緊追在後。全球累積太陽光電裝置產能在 2008 年底達到 15GW，而歐洲占了 65% 的部分，超過 9GW，日本及美國則分別位居第二及三名（日本為 15%，2.1GW 及美國 8%，1.2GW）[1]。

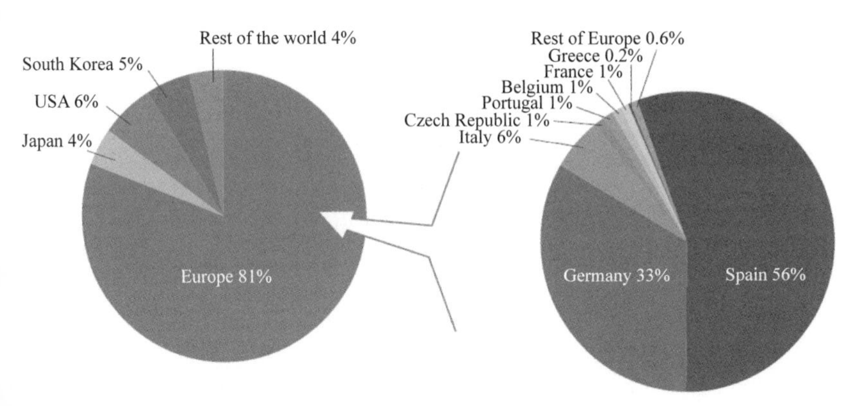

資料來源：EPIA (European Photovoltaic Industry Association)
網址：http://www.epia.org

圖 2-2

全球太陽光電市場量各國所占比例及歐洲各國市場規模所占比率

2006 年全球太陽能電池生產量，其中矽晶圓太陽能電池就占了 92%，成為市場之主流產品。全球生產太陽能電池的主要大廠如德國西門子、日本的Sharp公司都以生產單晶矽太陽能電池為主，單晶矽轉換效率最高，使用年限也較長。在生產方面，2007 年 Q-Cells（德商）成為全球最大的太陽電池製造廠商，產量高達 389.2 百萬瓦，全球市佔率為 9.1%，Sharp（日商）退居第二，第三為尚德（中國）。[2]，2001 年至 2005 年歐盟太陽光電裝置增加至六倍，其中有 85% 的太陽光電裝置集中在德國。[3]

預估到了 2010 年全球太陽光電總需求高達 4,900MWp，主要市場為日本、歐盟、美國先進國家。

表 2-1　各國太陽光電市場需求預測

單位：MWp

編號	國別	2001～2005	2006	2007	2008	2009	2010	2001～2010
1	日　本	1,400	400	600	700	900	1,000	5,000
2	美　國	400	520	520	520	520	520	3,000
3	歐　盟	1,000	200	300	400	500	600	3,000
	德　國	(100)	(100)	(100)	(100)	(100)	(100)	(600)
	意大利	(50)	(50)	(50)	(50)	(50)	(50)	(300)
	荷　蘭	(50)	(40)	(40)	(40)	(40)	(40)	(250)
	瑞士等	(800)	(210)	(210)	(210)	(210)	(210)	(1,850)

2007 年全球太陽光電系統（含薄膜型）的總產值約為 154 億美元，2008 年太陽光電市場規模總值則大約是 172 億美元，而

預估未來在 2010 年太陽光電系統產值將超過 410 億美元[4]。在矽晶片型太陽電池產量方面，則由 2007 年的3,355MW，逐步提升至 2008 年的 5,750MW。另外，在全球太陽光電產能方面，上游矽晶材料雖然自 2005 年經歷了全球性的缺料問題，但在許多新的矽材料生產者進入市場、產能增加後，矽晶的短缺問題在 2009 年可望獲得舒緩[5]。單就中游的矽晶片型電池與薄膜電池來說，其 2008 年產能為 12,319MW，中國成為產能最大的電池生產國（占全球總產能的 29%）及太陽光電產品的供應國（占全球市占率的 35%），日本則排名第二 (15%)，德國及台灣分居第三 (14%) 及第四位[6]。同時，預估未來薄膜類電池模組產能占所有太陽光電產品之比例將持續增加，可見於圖 2-3。

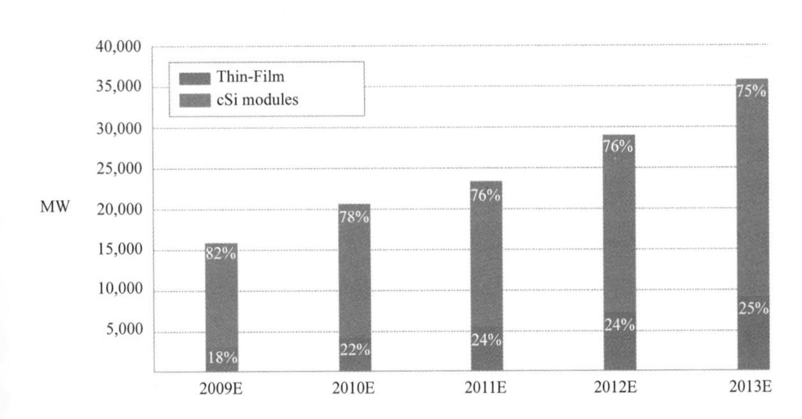

資料來源：EPIA (European Photovoltaic Industry Association)
網址：http://www.epia.org

圖 2-3

全球太陽光電矽晶類與薄膜類產能未來趨勢

2.2 光電產業大國市場與其發展趨勢

2.2.1 德國

德國在2007 年底以前為全世界第一大太陽能市場，直至2008 年為全球第二大的太陽能市場（表 2-2），不過，其總裝置量仍為全球第一。德國自2005 年開始，太陽光電市場成長率逐漸趨緩，2007 年市場量維持在 1,100MW，市場總值約為 55 億歐元，2008 年則為 1500MW，年成長率仍有 21%。從 2008 年起德國再生能源法案 (EEG) 調降太陽光電優惠收購電價後，住宅併網型的用戶

表 2-2　2008 年全球太陽光電市場排名

國家	市場量（百萬瓦特，MW）
西班牙	2,511
德　國	1,500
美　國	342
韓　國	274
義大利	258
日　本	230
捷　克	51
葡萄牙	50
比利時	48
法　國	46

資料來源：EPIA (European Photovoltaic Industry Association)
網址：http://www.epia.org

裝設誘因勢必減少，此部分市場在 2008 年尚可由大型電廠系統的設置來加以彌補，但自 2009 年開始收購電價在度調降後，估計 2009 年太陽光電市場成長率為 6%，較歷年承長率為低。德國在太陽光電需求用途方面，主要以併聯發電為主，市場佔有率達 99%，而其市場成長動力也逐漸從屋頂發電轉向至商用太陽能發電及大型發電廠等應用方向。德國太陽光電產業結構以矽晶片型電池產業為主，薄膜太陽電池（First Solar德國廠生產 CdTe 薄膜電池）亦有相當程度的發展（參見表 2-3），2008 年矽晶圓、電池及模組的合計產能均達 700MW 以上，整體產業在上游材料的掌握度強也是德國太陽光電的產業優勢。

表 2-3　德國太陽電池產業分類（按技術別）

矽晶片型電池 (Crystalline Silicon)	非／微晶矽薄膜電池；多晶矽薄膜電池 (a-Si/μc-Si；Poly-Si)	銻化鎘 (CdTe)	銅銦硫 (CIS)	有機染料敏化 (DSSC)	Ⅲ-Ⅴ族及聚光型
Arise Technologies Conergy SolarWorld——Deutsche Cell Ersol Solar EverQ	Sunfilm Ersol Thin Film Malibu Schott Solar Inventux Brilliant 234	First Solar Calyxo Antec Solar	Johanna Solar Technology Avancis Wurth Solar Sulfurcell Solartechnik Solarion	Heliateck	Concentric Solar Solar Tec

矽晶片型電池 (Crystalline Silicon)	非／微晶矽薄膜電池；多晶矽薄膜電池 (a-Si/μc-Si；Poly-Si)	銻化鎘 (CdTe)	銅銦硫 (CIS)	有機染料敏化 (DSSC)	Ⅲ-Ⅴ族及聚光型
Q-Cells Scheuten Shell Solar Deutscheland Solarwatt Cells Sunways	EPV Signet Solar CSG (Poly-Si)		CISSolartechnik Odersun Nanosolar Global Solar Energy		

資料來源：光電科技工業協進會，2009 年 2 月

2.2.2 西班牙

西班牙 2007 年市場量達 560MW，2008 年為 2,511MW，此為西班牙該年新增加的產能規模，占全球市場總量的 45% 以上，亦是全年第一大太陽光電市場。西班牙近兩年的太陽光電市場成長速度驚人，也是近來全球太陽光電產業外銷業務最繁忙的國家。惟該國在 2009 年面對太陽能併聯發電設置補助到期、市場總量管制[7]及調降收購電價等政府決策實施後，將大幅影響大眾用戶及產業的投資信心，為此，西班牙大廠 Isofoton 及相關產業團體便提出建議，希望西班牙政府能夠迅速建立補助政策並重新檢討新法內容。目前，西班牙在投資誘因仍大的情況下，大型太陽光電市場成長動力增強[8]，另外在 CPV、CSP 等新技術由其產業商業化量產後，商用太陽光電的發展將一日千里。

2.2.3 日本

日本前些時日內需市場受到矽原料缺乏及太陽發電補助措施終止的影響，使得其市場量降低，連帶也影響到世界市場市占率的擴展。其實，日本早自 1993 年開始設立新陽光計畫 (New Sunshine Projuct) 並補助個人住宅太陽光電系統設置費用，結合國內廠商卓越的太陽光電研發及製造技術，國內市場量曾一度達到世界前三名，但隨著各項補助計畫於 2006 年接近尾聲，日本國內市場量逐年減少，讓原本希望能以市場機制決定太陽光電價格及設置誘因的日本[9]，不得不再次思考相關的市場刺激及推廣政策。日本 2007 年太陽光電的新設置量較去年為低，降至 210MW，為該年全球第三大的太陽光電單一市場，到了 2008 年，日本市場量為 230GW，降為世界第六大。近期日本將透過促進家庭及商業太陽能電力發展的政策重新刺激國內市場的成長，具體的制度設計將與日本的電力事業討論後定案。另外，在產業方面，日本薄膜及次世代太陽電池廠商仍保有技術領先的優勢，且由於全球太陽光電廠商劇增，日本廠商則採用高品質路線抵禦新一波的商業競爭攻勢[10]（參見表 2-4）。

表 2-4　日本太陽電池產業分類（按技術別）

矽晶片型電池 (Crystalline Silicon)	非晶矽薄膜電池 (a-Si)	非／微晶矽 (a-Si /μc-Si)	銻化鎘 (CdTe)	銅銦硫 (CIS)	染料敏化或有機 (DSSC & Organic)	Ⅲ-Ⅴ族及聚光型
Sharp Kyocera Sanyo Mitsubishi Heitichi FujiPreme Kyosemi	Kaneka MHI Fuji Electric	Kaneka MHI Sharp Sanyo Eneos Solar	Matsushita	Showa Shell Solar Honda Engineering	Toyota & Aishing Fujikura Sharp Matsushita Hitachi Kyocera	Sharp

資料來源：光電科技工業協進會，2009 年 2 月

2.2.4　美國

2007 年美國太陽光電市場新增 226MW，產值則增至 156 億美元，估計在 2016 年可達 693 億美元。加州為美國最大的太陽光電市場，州政府的政策為市場推廣的主要動力，另外，新澤西州、亞利桑那州、賓夕法尼亞州、科羅拉多州也有優於聯邦政府的推廣政策，而成為美國太陽光電的主要市場。目前，併網發電為美國太陽光電市場用途的主要方式，商用併網發電所占比例高達六成，住宅型則占三成五左右。美國國內市場需求面受到一般電價持續上升、投資者信心增加等因素影響，加上美國廣大國土的充分日照資源，市場開發潛力高於歐洲市場的德國，根據統計

資料顯示，未來幾年美國的太陽光電市場成長率將達到 80%[11]。在產業方面，美國前三大電池廠商為薄膜型太陽電池廠商，生產包括非/微矽太陽電池、CdTe 及 CIGS太陽電池等（參見表2-5），此與德日中台四國選擇矽晶片型太陽電池發展的情況大相逕庭，另外，大型薄膜太陽能發電廠也將隨美國廣大國土的優勢影響，逐漸在應用市場中嶄露頭角[12]。

太陽能微波中繼站（中繼電臺）

2.2.5 中國

中國 2007 年的太陽光電市場量為 10 到 20MW，超過 98% 的光電產品均為外銷市場，和台灣太陽光電產業發展情況相似，而 2008 年中國大陸市場量則為 45MW，累積的太陽光電裝置量則為 145MW。中國目前為太陽電池產能最大的國家，也著重在晶片型太陽電池上游的產業發展，2008 年中國對多晶矽的需求超

表 2-5　美國太陽電池產業分類（按技術別）

矽晶片型電池 (Crystalline Silicon)	非／微晶矽薄膜電池；多晶矽薄膜電池 (a-Si/μc-Si；Poly-Si)	銻化鎘 (CdTe)	銅銦硫 (CIS)	染料敏化或有機 (DSSC & Organic)	Ⅲ-Ⅴ族及聚光型
SolarWorld BP Solar-MD GE Energy (Astropower) -DE Evergreen Solar-MA Advent Solar-NM Solar Power Industry-PA Blue square energy-MD Suniva-GA Solec Int'l	United Solar-MI PowerFilms-IA EPV Solar-NJ Schott Solar XsunX-CO Xunlight-OH	First Solar-AZ Primestar Solar-CO AVA Tech-CO Solar Fields-OH Canrom-NY	Global Solar-AZ Miasole-CA Energy PV-NJ Ascent Solar-CO ISET-CA Daystar-NY Nanosolar-CA Heliovolt-TX Solo Power -CA Solydra-CA	Konarka-MA Plextronics-PA	Boeing-Spectrolab-CA Spire-Bandwidth Semiconductor Amonix-CA Emcore SolFocus Green Volts-CA JX Crystals-WA Entech-TX Practival Instruments

資料來源：光電科技工業協進會，2008 年 8 月

過 15,000 噸，但中國多晶矽的產量只有 2,000 噸，僅夠 200MW 太陽電池的需求數量，因此中國產業對於多晶矽材的生產頗為重視，其多晶矽已宣布投資的計畫多達 47 個，合計投資的金額超過 500 億人民幣，發展則是集中在四川、江西、河南及江蘇等省份[13]。

2.2.6 韓國

由於優惠收購電價及十萬戶太陽光電屋頂政策的實施，韓國太陽光電的市場成長快速，目前在亞洲已經是僅次於日本的第二大太陽光電市場。2007 市場量為 50MW，2008 年則為 274MW，為全球第四大太陽光電市場。其主要太陽光電應用方式為併聯發電，估計至 2012 年韓國市場量可達 800MW。而產業發展方面，韓國也同時吸引了外資大廠進入投資。國內產業發展策略則是加強投資生產太陽能產業上游矽材，且進軍薄膜太陽電池製造，希望運用韓國 LCD 領域累積的經驗，立足次世代薄膜太陽電池市場[14]。

2.3 全球太陽光電主要國家主要公司產值及相關技術優勢

2008 年國際級太陽光電大廠其產能規模大多超過 500MW，為了提高產品市占率，各大廠產能規劃持續擴大，短期目標均要求達到 1,500MW 以上，其採用方式則傾向在晶片型產業垂直整合的佈局，以確保原料供應及下游銷售的穩定成長。以下就介紹幾個國際太陽光電大廠的近況及未來發展趨勢：

2.3.1 Q-Cells

Q-Cells 為一德國太陽光電大廠，2007 年首度超越了日本 Sharp 成為全球太陽電池廠商的龍頭，有 70% 的產品外銷比率。Q-Cells 公司在 2007 年營收為 8 億 5,890 萬歐元，太陽電池產量近 389.2MW，2008 年營收約 10 億歐元，2007 年前的產品主要為高效率矽晶片型太陽電池，而自 2008 年後，Q-Cells 進一步投入薄膜技術的市場開發，另外在 2008 年也成立 Q-Cells International GmbH 進入太陽光電 Project 市場。Q-Cells 在太陽光電產業發展的優勢為：(1)與其他產業技術強者結為盟友，降低原料成本；(2)生產技術不斷革新。就前者來說，Q-Cells 與 REC (Renewable Energy Corporation) 及 EverQ 兩家自主掌握多晶矽及帶狀矽技術廠商建立長期的合作關係，另外，Q-Cell 也轉投資 EverQ 公司，EverQ 將來也計畫轉型為獨立公司，希望未來以新品牌行銷模組產品，未來 Q-Cells 馬來西亞廠也將成為製造矽晶塊及電池等的生產基地[15]。下游客戶方面，Q-Cells 也增加與美國 Solaria 及德國 aleo solar 模組的供銷關係，未來十年內將供應 1,270MW 的太陽電池給 aleo solar。

Q-Cells 在技術方面也是其競爭的優勢，在電池厚度、效率及抗反射鍍膜設備的技術革新上，也增加了其投資比例，這也是為何其能在競爭激烈的太陽光電市場中脫穎而出的原因。

2.3.2 Sharp

Sharp 為國際級太陽光電大廠中歷史最為悠久的，Sharp 公司至今已累積 45 年的發展經驗，而累計生產的太陽電池已超過 2,000MW，占全球已生產太陽電池產量的 1/4。但因其多晶矽材料掌握度不足的影響，2005 年產量成長率開始減緩。此外，Sharp 也投入薄膜矽太陽電池產品的生產，研發上也於 2007 年 1 月開發出 Triple 型薄膜矽太陽電池，後續又有表面積 1 平方公分高轉換效率 3.8% 薄膜電池的研究成果，及染料敏化電池的效率提升[16]，而 HCPV 方面也已自行生產製造。Sharp 將薄膜技術同時運用在液晶及太陽電池兩大事業，且於大阪同步設置液晶及薄膜太陽電池合併工廠，希望成為一個超級垂直整合的產業發展基地，預計未來生產效率可望迅速提高。

2.3.3 SolarWorld

SolarWorld 為太陽光電垂直整合程度最高的廠商之一，目前在美國及德國均設有生產基地，產品從太陽能多晶矽、電池、模組到系統均有製造優勢。其太陽能多晶矽純度為 99.999999%，6 吋多晶矽表面粗化太陽電池效厚度也已達高度水準，太陽電池轉換效率在 13.4 到 16.3% 之間。太陽光電系統主要著眼於 4kW 至 4MW 的應用市場。

目前 SolarWorld 以外銷市場為主，而為了擴大太陽能矽晶圓生產規模，其投資 6 千萬歐元的太陽能矽晶圓廠已於 2007 年在德國啟用，2008 年在美、德生產廠房的矽晶圓及太陽電池生產規模亦已達到 500MW。生產技術改良方面，SolarWorld 也加強對於太陽能矽晶圓生產技術的革新，並密切與 Technical University and Mining Academy of Freiberg 進行產學合作，研發更高品質的薄形化太陽能矽晶圓產品[17]。

2.3.4 AE Polysilicon

美國多晶矽廠商 AE Polysilicon在 2007 年 4 月宣布與賓州政府進行合作計畫，當地政府給予 750 萬美元的低利貸款協助及 12 年的租稅優惠措施。AE 目前所採用的是較為新型的流體床反應爐製法 (FBR)，預估的年產能可達 1,500 噸。AE Polysilicon 由台灣太陽電池廠商茂迪 (Motech) 參與投資，於2008 年其廠房興建完成，預估 2011 年前年供貨量可達 2,500 公噸[18]。

2.3.5 REC

REC 為另一個達到完全垂直整合的廠商，公司來自於挪威。其 2007 年太陽能多晶矽材產能達到 5,000噸，REC 在 2008 年則出貨約 6,549 公噸，預估 2009 年出貨 10,000～11,000 公噸，且預計在 2010 年達成 20,000 噸的生產目標。另外，在垂直整合方面，REC 也決定在新加坡興建太陽能矽晶圓、電池及模組整合工廠，建構一貫化的太陽光電生產基地[19]。REC 目前的競爭優勢在於，其具備高度垂直整合的經營模式、且有高度研發所累積的技術革新能力，在未來成本競賽激烈的太陽光電產業中，可望從中脫穎而出。

2.3.6 三洋電機

三洋電機 2008 年的太陽電池產能為 350MW，占全日本太陽電池總產能的 17%。而三洋電機為了拓展太陽電池事業，與美商 Hoku Scientific 簽定為期 7 年的多晶矽供貨合約[20]。三洋電機也計畫讓單晶矽上堆疊非晶矽層的「HIT 太陽電池」產能，從原本的 16 萬 kW 提升到 60 萬 kW。該種太陽電池可雙面發電，因此也是光電轉換效率最高等級的太陽電池，有 19.5% 的效率。

2.3.7 First Solar

成立於 1999 年的美國 First Solar，以 CdTe 技術起家，從 2006 年起在 NASDAQ 上市以來，其發展速度便急遽上升。2007 年的總產量達 200MW，而 2008 年總產量更高居 503.6MW，直逼太陽電池大廠 Q-Cells[21]。First Solar 因為德國廠的設立而有今天的亮眼成績，且對於 CdTe 技術的安全性提供了極大的保證及投資者信心。CdTe 雖然已是一種穩定度極高的化合物，但 First Solar 仍透過成立獨立基金會的方式，建立產品完整的回收機制，讓使用者得到較多的安全保障。目前除了 First Solar 以外，其他聲稱具有 CdTe 研發技術的廠商均只在於試產的階段，不過未來隨著這些公司量產後，CdTe 化合物薄膜電池的市場競爭將日益增強。

2.3.8 Global Solar Energy (GSE)

Global Solar Energy 乃是美國首家生產 CIGS 軟性薄膜太陽電池的廠商，且為主要的指標公司，自 1996 年開始，GSE 便具備美國再生能源實驗室所發展的共蒸鍍製成技術，並累積十年的 CIGS 薄膜太陽電池製造經驗，在 2008 年產能擴充至 40MW[22]，預計 2010 年產能可達 60MW。而 2001 年，GSE 也獲得一項以 Roll-to-Roll 製程製作軟性 CIGS 薄膜太陽電池的專利，而此軟性薄膜太陽電池可應用在可攜式電源及建材整合方面，可形成大面積的家庭式發電牆[23]，其未來市場潛力不容忽視。

2.3.9 Avancis

Avnacis 在 CIGS 薄膜太陽電池技術有十年多的研發經驗，由德國 Shell 及 Saint Gobain Glass 兩家公司共同籌組而成[24]。由於 Shell 公司及 Saint Bobain Glass 公司本身分別具有 CIGS 及玻璃基板的生產能力，因此 Avancis 在 CIGS 薄膜電池的量產及技術上都得到了母公司的強大技術支援。與前述 GSE 公司採用蒸鍍方式製作薄膜吸收層不同的是，Avancis 採用的是濺鍍製程，並運用快速熱處理技術，以提高生產速度及產量，更能製造高品質的薄膜電池。目前這些技術製程已被該公司所驗證，未來的標準製程可能依此進行。

2.3.10 Schott Solar

德國 Schott 玻璃集團投入太陽能光電事業已超過了 50 年，Schott 具有兩大技術優勢，其一為能將太陽能玻璃直接結合到普通玻璃做為建築材料之用，另外則是其能夠生產獨特的八角形太陽電池，此種電池比傳統的太陽電池更能節省矽材料，且轉換效率更高，可達至 16%。其產品主力為太陽能矽晶圓的製造，並注重矽晶片型太陽電池的垂直整合發展[25]。另外，Schott 也在薄膜太陽電池上有雙向發展，較為成熟的非晶矽技術 2008 年產能共 48MW，預估 2010 年可達 100MW，次世代微晶矽薄膜電池則與 Ersol Thin Film 公司共同研發，並結為策略聯盟。在市場擴展方面，Schott 也將事業觸及中國太陽能設置業務，對於包括甘肅省的中國大陸西部發展專案、政府示範工程及建築一體化等項目都有初步的規劃及業務實施行動[26]。

2.3.11 Concentrix Solar

Concentrix Solar 公司為德國 Fraunhofer 實驗中心所獨立出來的聚光型太陽光電系統製造商，Fraunhofer 實驗室目前已運用 Fresnel 透鏡推出了聚光型太陽能發電模組 FLATCON，能夠有效提升其轉換效率達到 23%，未來經改良後甚至可以達到 28% 的效率。而 Concentrix Solar 公司目前使用 385 倍光強的 Ⅲ-V 族 (GaInP/GaInAs/Ge) 聚光電池模組 FLATCON，為包括西班牙在內的太陽能電廠建立聚光型系統，根據其推算，若使用 500 倍光強的模組建造 20MW 的聚光型太陽光電系統[27]，到了 2010 年成本就可以降低到 2.38 歐元/Wp，若套用到產能更大的發電廠上，便可使發電成本壓得更低，根據德國商會的預估資料，2009 年該公司產能將達到 25MW。

1 EPIA. March, 2009. Global Market Outlook For Photovoltaic Until 2013: p.2
2 林蔚文，太陽光電熱潮下的產業因應之道——產業篇 4：太陽光電產業，貿易雜誌，2008 年 6 月，頁 27。
3 王睦鈞，新興機會個案——太陽光電產業發展課題研析，臺灣經濟研究月刊，2007 年 11 月，頁 56。
4 汪偉恩，全球太陽光電產業與市場發展趨勢，光連雙月刊2008 年 9 月，頁 56。
5 EPIA (European Photovoltaic Industry Association) . March, 2009. Global Market Outlook for Photovoltaic until 2013: p.15.
6 經濟部能源局，2007 能源科技研究發展白皮書，p.67-68。
7 依西班牙新制定之太陽光電補助規定，自 2009 年起每年補助上限為 500MW，且未來太陽能裝置計畫設置前均需要登記，以便於管控總量。
8 拓樸產業研究所，2015 次世代太陽能技術發展藍圖，2009 年 11 月 1 日，頁 8。來源取自網站資料：http://www.taiwan2020.org/files/Download/2009110155744.pdf。
9 王啓秀、孔祥科、左玉婷，全球能源產業趨勢研究：以台灣太陽光電產業為例，中華管理評論國際學報，2008 年 8 月，第十一卷三期，頁 18。
10 陳婉如，〈2009 全球光電之應用產品市場展望研討會系列二：太陽電池產業〉簡報內容，2009 年 2 月。
11 參照光電科技工業協進會，2008 太陽光電市場與產業技術年鑑，2008 年 5 月，第 3 章：全球 PV 產業分析。

12 根據工研院研究資料顯示，美國早於 1992 年即於加州 Davis 裝設薄膜模組於大型設備運用上，而德國目前世界最大型太陽能電廠「Waldpolenz」也採用美國之 First Solar 公司之 CdTe 太陽能薄膜模組。

13 陳婉如，2009 全球光電之應用產品市場展望研討會系列二：太陽電池產業—日本太陽光電產業現況與發展策略。

14 陳婉如，2009 全球光電之應用產品市場展望研討會系列二：太陽電池產業—韓國太陽光電產業發展策略。

15 Arnulf Jager-Waldau. PV Status Report 2008: Joint Research Centre. p.115.

16 材料世界網，Sharp 研究染料敏化太陽電池提升最高轉換效率，2009 年 4 月 14 日。網址：http://www.materialsnet.com.tw/DocView.aspx?id=7675。

17 參照光電科技工業協進會，2008 太陽光電市場與產業技術年鑑，2008 年 5 月，第 3 章：全球 PV 產業分析，頁 40-41。

18 王雅慧，茂迪：轉投資 AE 公司與美賓州政府建廠計畫啓動，2007 年 4 月 24 日，資料來源：http://tw.stock.yahoo.com/news_content/url/d/a/070424/2/e57o.html。

19 光電科技工業協進會，2008 太陽光電市場與產業技術年鑑，2008 年 5 月，第 3 章：全球 PV 產業分析，頁 43-45。

20 Joint Research Centre. PV Status Report 2009: Joint Research Centre. p.32.

21 王孟傑，化合物薄膜太陽電池產業現況，工業材料雜誌 268 期，2009/04，頁 65。

22 Joint Research Centre. PV Status Report 2009: Joint Research Centre. p.68.

23 莊佳智，軟性 CIGS 薄膜太陽電池技術發展與近況，工業材料雜誌 268 期 2009/04，頁 89

24 Joint Research Centre. PV Status Report 2009: Joint Research Centre. p.97.

25 參照光電科技工業協進會，2008 太陽光電市場與產業技術年鑑，2008 年5月，第 6 章：PV 議題分析，頁 6-7。

26 詳見肖特公司 (Schott Solar) 網站：http://www.schott.com/solar/taiwan/index.html。

27 李雯雯，聚光型太陽光電技術發展概況，工業技術研究院 (IEK)，2008 年 5 月 28 日。

3 台灣太陽光電推動政策、產值、主要公司 2008 產值及其相關技術優勢

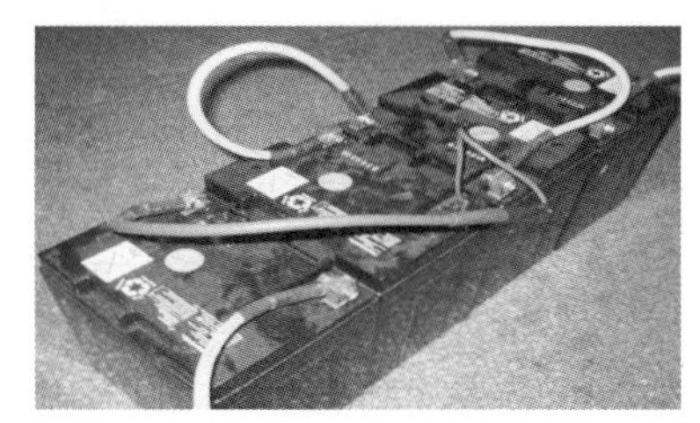

太陽能電池及蓄電池

3.1 台灣太陽光電推動政策

台灣為響應國際環保趨勢的潮流，也訂定了於 2020 年再生能源發電占總發電容量 12% 的長期目標。在推動太陽光電發電方面，為達到太陽光電裝置目標，以 2010 年達 21MW 為發展目標，經濟部能源局研訂國內太陽光電發展目標：一是積極推廣設置並推動示範性計畫，讓民眾更熟悉太陽光電系統，二是加強台灣離島與偏遠地區緊急防災太陽光電系統設置，三是投入研發，發展建築物整合系統 (BIPV) 在 2025 年達到 10～12 萬戶，提升

技術及降低發電成本，帶動太陽光電產業，並積極協助擴展外銷市場[1]。並針對太陽能發電規劃了七大策略，分別為擴大內需，提供產業足夠能源；解決多晶矽缺料問題；強化矽晶太陽光電競爭能量；加速整合薄膜光太陽光電整合；建立模組亞太地區檢測驗證服務；開發太陽光電生產設備；指示台電檢討放寬太陽光電併網技術等。目的提升太陽光電發電量之目標從 2010 年 21 百萬瓦，更進一步提升至 2020 年達 570 百萬瓦。[2]

經濟部能源局為推廣太陽光電發電系統，自 2000 年起推出多項計畫，以支持國內太陽光電產業發展，詳見圖 3-1。經濟部能源委員會[3]在 2000 年 5 月 31 日公布「太陽光電發電示範系統設置補助辦法」[4]及相關申請辦法，辦理太陽光電發電系統設備補助作業，促進國內廠商投入較高階供電用途市場，並吸引更多廠商投入太陽光電市場。並於 2002 年 3 月改頒訂「太陽光電發電示範系統設置補助要點」[5]取代原有的補助辦法，實施系統設置全額比例補助措施，以持續推動太陽光電發電系統設置[6]，藉此擴大太陽光電系統設置量。另於 2004 年 5 月頒布第一期「陽光電城評選及補助作業實施計畫」，推動國內陽光電城設置建造，著重多樣化的設計及應用，集中推廣展示太陽光電發電系統。[7]2006 年經濟部能源局施行「太陽光電發電示範系統設置補助作業要點」[8]，目前台灣採取獎勵補助措施方式，每 kWp 太陽電池最高補助新臺幣 15 萬元，提供國內民眾設置太陽光電發電系統設置費用之 50% 的設置補助，以鼓勵推廣使用太陽光電發電系統[9]，截至 2007 年 5

月為止，太陽光電系統裝置量已達 164 件[10]。另依照工業技術研究院太陽光電科技中心整理資料，台灣截至 2008 年 12 月份完成設置的系統共計有 384 座，裝置容量為 4MWp，而在 2008 年底前，包括高雄世運會場在內的設施增加了 1MWp（見表 3-1 及圖 3-2），全台灣可達到超過 5MWp 太陽光電系統的設置量[11]。

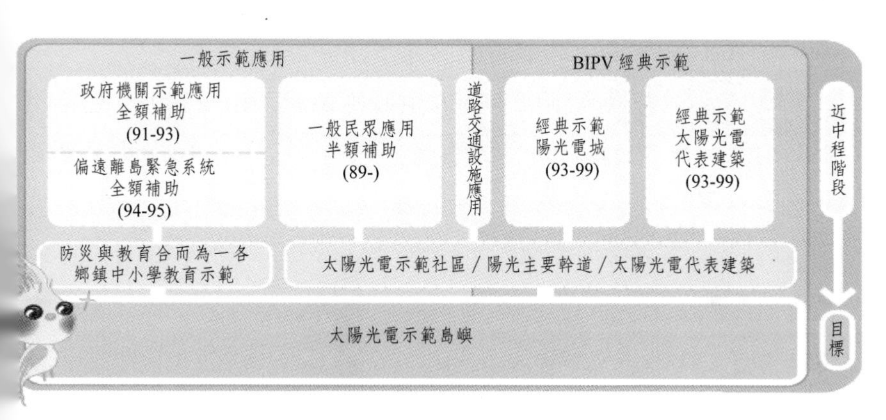

資料來源：www.solarpv.org.tw

圖 3-1
國內歷年推動太陽光電系統設置計畫

表 3-1　台灣太陽光電單年度增設及歷年累積裝置容量

年份	單年度增設量 (MW)	累積總裝設量 (MW)
2003	NA	0.3
2004	0.3	0.6
2005	0.4	1.0
2006	0.4	1.4
2007	1	2.4
2008	1.6+1	4+1（高雄世運會場）
2010	NA	21 (f)
2012	NA	60 (f)

資料來源：經濟部能源局、工研院太陽光電科技中心，由作者自行整理，2009 年 5 月

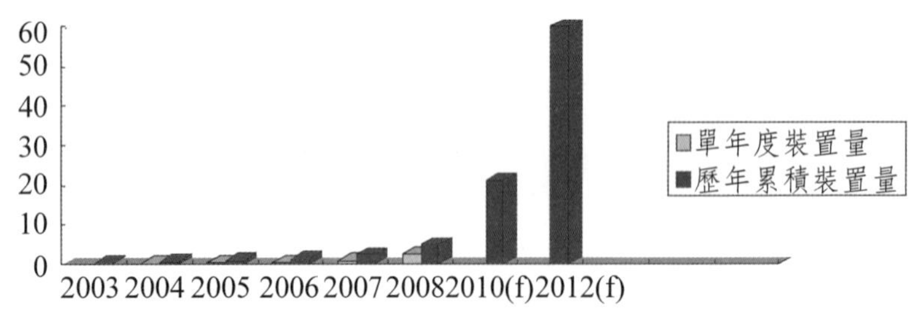

本圖根據表格 3-1 整理而成

圖 3-2

台灣歷年太陽光電累積裝置容量變化

經濟部能源局於 95 年 6 月招開 2 次「太陽光電發展策略座談會」，邀請產業業者、專家學者及相關單位，共同研討產業發展策略及重點。此會議研擬了八項發策略，包括發展多晶矽原料生產、研發高效率與低成本的矽晶太陽電池、開發新材料之太陽

電池及生產設備，建立太陽光電模組檢測驗證技術、加速再生能源發展條例之立法、建立太陽光電區域網路系統設置、擴大國內太陽光電系統設置規模，以期帶動內需市場。並於 2006 年 8 月研擬「太陽光電產業行動計畫」，提列於行政院「產業發展旗艦計畫」之綠色工業項目中以及「2015 年經濟發展願景第一階段三年衝刺計畫（2007-2009 年）」的產業發展套案之綠色產業發展方案中。[12]

另外，2007 年 10 月 25 日亦於經濟部招開「加速推動太陽光電產業發展」座談會議，再次邀請專家學者及相關單位共同研商我國太陽光電產業發展策略，包括營造能源環境帶動產業發展、解決多晶矽缺料、強化矽晶太陽光電競爭力、加速薄膜太陽光電整合發展、建立模組亞太地區檢測驗證服務、開發太陽光電生產設備、研發太陽光電系統並聯技術，提高發電效率。[13]

針對多晶矽材料缺料問題，自 2007 年開始便積極引薦包括挪威 REC 公司在內等矽材料大廠來台設廠[14]，另外基於發展國內矽材自給自足能力，也同時優先接受多晶矽廠商的招商申請及補助設立，加速太陽光電產業鏈整合的腳步，這些廠商除了包括山陽科技外，尚包括旭晶源、元晶、科冠、福聚、AE Polysilicon、立碁光能等多家廠商，分別在利澤、中科、南科及屏東工業區設置生產基地，而由茂迪轉投資的 AE Polysilicon 則預計在 2009 年第三季有所產出，最近中美矽晶也宣布將同光寶共同投資俄羅斯冶金法矽廠 UMG，對掌握穩定料源十分具有長遠的優勢。

由於多晶矽的短缺使得價格上漲，壓縮了原本之利潤，使得中游電池廠紛紛與上游原料商進行策略聯盟或投資，以確保矽材料的供應來源。2006 年 2 月經濟部工業局成立了「台灣矽材產業聯盟」(TWSiCon)[15]，規劃台灣在關鍵材料的發展策略，協助國內廠商與國際矽材料廠商洽商技術合作、合資設廠，或採取長期供料的合作模式，期望能夠盡快將國外技術引進國內，推動成立台灣第一家多晶矽製造廠，使太陽光電產業從上游的原料供應，垂直整合至下游的系統與應用部分，使供應鏈更加完整，以解決國內原料短缺的問題。[16]全球矽材料的短缺，影響電池及模組製造成本高居不下，反應出能夠掌握矽材料的國家才能掌握產業先機，上游多晶矽材料主要來自德國、美國、日本的廠商，因此，業者反應希望藉由政府政策介入與協調以聯盟的方式取得太陽能多晶矽材料製造技術，凝聚國內產業向心力，或是延攬國外退休的工程師來台研發多晶矽材料，或與日本、德國廠商合資生產方式，以解決長久多晶矽材料不足的問題，並仿效科學園區，成立太陽光電園區，以產生產業群聚效應。[17]此外廠商希望藉由政府協助取得國際認證，建立國家標準與驗證機制提高產品品質，搭配政府的補助配套措施，包括租稅減免、優惠購電、設備補助等，效仿先進國家如德國、日本等，由政府帶頭為主要推動者，才能夠發揮整個太陽能產業綜效[18]。

3.2 台灣太陽光電產值

台灣太陽光電產值方面，最初從 2005 年的新台幣 60 多億元，2006 年 212 億元，到 2007 年 500 多億元，至 2008 年則是超過了 1058 億元[19]。其中若以產品別分類，主要的產值均來自於太陽電池，占全部太陽光電產值的七成，其中又以矽晶片型太陽電池的產值所占比例最高，分別在 2008 年第三、第四季為新台幣 232 億元及 178 億元，且較第一及第二季為高，而台灣在 2008 年仍維持全球太陽電池生產國的第四位，其產量及產值分別為 1080MW 及 26 億美元。

以技術別來分析太陽光電產值，雖然 2008 年仍是以矽晶片型太陽電池為主流，且上游矽材料廠商產出增加，但其後將因為薄膜技術等次世代太陽光電產業的陸續研發，預計從 2009 年起矽晶片型太陽電池將逐漸被其他技術所瓜分。2008 年與薄膜及次世代技術相關的廠商可分為：非晶矽及微晶矽總廠商數達到 11 家，CIGS 化合物薄膜廠商數為 5 家，Ⅲ-Ⅴ 族化合物半導體廠商數有 5 家，而染料敏化及有機太陽電池則是有兩家廠商提供相關的材料（永光、長興等），但此種類的太陽光電元件仍處於開發階段，目前的營收以材料為主。另外，國內太陽光電系統廠商也從 2005 年的 25 家增加為 2008 年的 38 家[20]。

另外，台灣 2008 年太陽光電的產值則呈現旺季不旺的現象，原因在於國外市場成長誘因減少（西班牙政府補助於 2008 年 9 月到期、德國調降 2009 年收購電價）、金融風暴導致銀行融資意願降低等。值得注意的是，與 2007 年同期相較，台灣 2008 年太陽光電第四季的產值則為負成長[21]。

台灣太陽光電產業目前可能面臨的發展困境主要來自於下列各因素：

(1)太陽光電市場在世界各地呈現穩定的成長，國內競爭者不斷加入，使得產品品質、技術及發展策略差異度並不高，較高毛利的上游原材料及系統終端的市場掌握度不佳。

(2)歐洲及美國正處於調降補助政策額度的過渡時期，對於我國外銷市場擴展恐有限制。

(3)中國大陸現已成為太陽光電最主要的生產國，其產業群聚發展也優於台灣產業聚落態勢[22]。

3.3 台灣園區太陽光電產業聚落發展

產業聚落向來為台灣產業的競爭優勢，根據世界經濟論壇 (World Economics Forum) 的評比，台灣近年來也高居產業聚落發展競爭力的前三名。產業聚落特重相關產業從上、中、下游的完整串聯，以打造具備迅速資訊交換、技術支援等競爭優勢的戰鬥體系。尤其太陽光電特色為產業鏈較長且關聯效果較大，與半導體產業類似，以產業聚落方式推動其產業發展更容易使效果倍增。我國政府積極推動「兩創（技術創新、品牌創新）」和「兩高（高技術密集、高附加價值）」為導向的產業創新策略，目的在於能夠有效發揮資源整合的效應，自 2001 年 5 月 7 日行政院政務會談通過了「綠色矽島建設藍圖」及相關政策方案後，政府便積極投資開發產業園區，並結合當地的產業發展特色，除了新竹科學園區以外，自 2001 年至 2007 年為止，政府總共投資了新台幣 1058 億元，由北而南規劃設置幾個重要的產業園區，包括北部南港軟體園區、中部科學園區、南部科學園區及南台灣創新園區等產業聚落，希望帶動國內產業聚落持續形成[23]，而政府後續更針對其他工業區投入設置資金並提供稅賦上的優惠。單就太陽光電產業而言，目前廠商主要分布於新竹科學園區、中部科學園區、南部科學園區及宜蘭利澤工業區內。

截至 2009 年初前，新竹科學園區 12 家從事太陽光電相關材料、電池模組或系統製造的廠商。至於中部科學園區、南部科學園區及利澤工業區至 2009 年初為止，則分別有 8 家、21 家及 12 家從事太陽光電材料及元件製造及設備業務的廠商。中科及南科投資的項目及預計生產的產品仍以建構結晶矽太陽電池產業鏈完整性為主，薄膜太陽電池則朝向未來量產及加速研發新世代薄膜技術為主。其中中科有機會在聯相光電及旭能合計規劃的六座廠房加入量產後，成為台灣最大的薄膜太陽電池重要基地[24]。宜蘭利澤工業區則是由於 2008 年 11 月 26 日生產多晶矽廠商山陽科技的建廠動土後，可望建構一完整的太陽光電產業供應鏈，且其目標在使該工業區成為國內最大太陽光電產業聚落，並創造十萬個新的工作機會[25]。有關我國境內太陽光電產業聚落整理如下（表 3-2）。

表 3-2　台灣太陽光電產業聚落及產業鏈分布情況（按產品類別及生產地區）

技術類型	矽晶圓太陽光電 (Wafer-based PV)					薄膜太陽光電 (Thin-Film PV)	
產業鏈	上游廠商		中游廠商		下游廠商	設備廠商	中游廠商
產品地區	多晶矽 (Polysilicon)	太陽能長晶、切晶及矽晶圓	結晶矽太陽電池 (Cell)	結晶矽太陽電池模組 (Module)	結晶矽太陽光電發電系統 (System)	薄膜太陽電池生產設備	薄膜太陽電池及模組
竹科		中美矽晶竹南分公司、矽晶能源、昇陽國際半導體	旺能光電、昱晶能源科技、新日光能源、台灣茂矽電子、樂福太陽能		菘銓科技	精曜科技	大豐能源科技、瀚昱能源科技
中科	旭晶源		樂福太陽能、凱德光電	干布太陽能、凱德光電、光高基光能科技		均豪精密工業	聯相光電、旭能光電

技術類型	矽晶圓太陽光電 (Wafer-based PV)					薄膜太陽光電 (Thin-Film PV)	
產業鏈	上游廠商		中游廠商		下游廠商	設備廠商	中游廠商
南科	福聚太陽能	旺矽科技南科分公司、茂迪園區分公司	茂迪園區分公司	生耀光電、太陽電科技、茂能科技	茂能科技、台達電子工業台南分公司	微勁科技、金屬工業研究發展中心高雄科學園區分部	奇美能源、宇通光能、大億光能、綠陽光能、威奈聯合科技
利澤工業區	山陽科技、科冠、聯源光電	台灣半導體、旭泓全球光電	旭泓全球光電、耀華電子、太陽光電能源	科風、和鑫光電、台灣玻封電子			富陽光電
其他地區	元晶、旭晶、AE Polysilicon、太陽光電、立碁光能		茂鑫能源、奈米龍、知光能源、全能科技、茂暘能源				富陽光電

註：本資料未包括聚光型太陽電池模組及其他設備、換流器廠商。
資料來源：科學園區管理局，自行整理後製表。

3.4 台灣太陽光電廠商產值及技術

3.4.1 茂迪

茂迪 2007 年總產能為 240MW，共計產出 190MW 的矽晶片型太陽電池，2008 年產能則達到 450MW，產量為 300MW，其中台南廠產能為 385MW，昆山廠產能為 65MW，而未來由於多晶矽現貨價格下跌，且無長期供料約的束縛，2009 年產能將擴大至 670MW，昆山廠產能也將提升至 130MW，總產能可望達到 800MW。茂迪轉投資的矽晶廠 AE 於 2008 年 Q4 小量試產，除了未投入模組領域外，將朝垂直整合的方向發展。另外，2008 年茂迪蘇州矽晶圓廠產能達到 100MWp，而部分料源則來自 AE。在技術研發方面，茂迪也在 2008 年獲得南科的新台幣 300 萬元研發新穎多層次與次波長抗反射結構的高效率太陽電池。茂迪同時亦跨足矽薄膜太陽電池的生產，預計將於美國科羅拉多州設立非晶矽薄膜太陽電池實驗室生產線，製造設備也將與美國再生能源研究室 (NREL) 同步[26]。

3.4.2 益通

益通之產品主力為單晶太陽電池，其占營收之 70%，而轉換效率達 16.5%，目標在於使單晶太陽電池轉換效率在 2010 年達到 20%，另外多晶矽太陽電池可達 17% 的轉換效率，其研發立基則在於與澳洲新南威爾斯大學簽定的技術合作合約，由雙方共享最終之研發成果。在垂直整合部分，益通也取得美國矽晶圓廠 Adema95% 的股權（另藉子公司 Gloria Spire Solar 取得另 5% 的股份，事實上已是完全持股的情況），企圖在上游端消化其他廠商所供應之多晶矽。下游方面，益通也於 2007 年成立生耀公司並進入模組業務，系統部分亦透過成立 Gloria Spire Solar 投入該領域[27]，益通 2008 年的產量為 150MW，產能則為 320MW，預計 2009 年產能可達 600MW。另外，益通也成立宇通光能公司，跨足薄膜電池的生產活動。

3.4.3 昱晶

昱晶主力產品為矽晶片型太陽電池，2008 年產量為 280MW，產能為 560MW，而 2009 年總產能可望擴充至 1GW，且未來有機會發展成為世界前三大的太陽電池製造商，昱晶原本與 MEMC 簽訂一紙 10 年的多晶矽供料合約，未料在 2008 年第四季遇上矽料需求下降、價格降低情況，恐使得昱晶喪失其價格競爭力，所幸 MEMC 宣布調降供料價格，使得昱晶的市場競爭力大增。另外，與大多數廠商採用垂直整合發展方式不同，昱晶則是將透過策略聯盟的形式，與上下游廠商進行合作，而不直接涉入生產[28]。

3.4.4 頂晶科技

頂晶為台灣第一家獲得歐洲市場 TUV/IEC 認證的太陽光電模組公司，資本額為新台幣 27.5 億元，為台灣專業標準型太陽電池模組廠商，其模組因具有寬邊設計而可提供較佳的封裝保護，其營運目標希望成為台灣第一大太陽電池模組製造商。2008 年產能為 80MW，2009 年產能則預估為 120MW[29]。頂晶亦與矽晶片型太陽電池供應商茂矽建立長期的供貨關係，使其將因穩定料源而增加營收。2008 年頂晶科技主要的客戶為歐洲國家居多，其中西班牙占了 25% 的總量。

3.4.5 立碁光能

立碁主力產品為 160 至 200W 的單、多晶矽太陽能模組，其模組已通過美、德等國的多項認證，主要銷售地區為歐洲地區，約占出貨比例的八成。2008 年產能為 45MW，2009 年則為 70MW，另外立碁也將進入西班牙設立太陽能模組產線，初期產能預估為 20MW。在技術研發方面，立碁光能也與 Solarmark 及 ILB 公司共同進行多項合作發展計畫，內容包括聚光型太陽光電模組及其追蹤系統的研究，希望藉此提升發電效率及相關的製程改善。

3.4.6 生耀

生耀光電（由益通、裕隆等公司合資成立）為一建材、汽車、發電設備用太陽能模組廠商，同時亦有投入矽晶圓的生產，其亦於 2007 年與美國太陽模組設備商 Spire 合資成立 Gloria Spire Solar 公司，切入美國太陽能系統業務[30]。生耀 2008 年產能為 95MW，未來將致力於上下游垂直整合工作，建構設計研發、生產銷售及系統通路的整合平台。在利基型太陽能汽車天窗的發展上，其太陽能天窗已通過了 GSS4-048A 的認證，另外於系統方面，生耀也在 2008 年 1 月取得美國康乃狄克州 The Lee 公司的太陽能發電系統設計。

3.4.7 中美晶

中美晶從小尺寸矽晶圓跨足太陽能產業，目前主要產品為太陽能晶棒、矽晶圓及半導體矽晶圓，2008 年太陽能晶棒及矽晶圓的營收比例為 80%、半導體矽晶圓為 20%，2008 年產量為 180MW，產能則達到 280MW，預計 2009 年產量為 280MW、產能為 580MW。垂直整合方面，中美晶併購美國磊晶廠 GlobiTech，且轉投資義大利多晶矽場 Silfab spa，以西門子法生產多晶矽，預計可於 2010 年量產。下游整合部分則投資旭泓光電及日本 Clean Venture 21，生產高效率單晶太陽能電池及球型化矽晶太陽能電池[31]。隨著日本太陽能產業接受日本再生能源法案的補助，及中美晶的產能不斷增加，Sharp 將成為中美晶最大的訂單客戶。另外，來自歐洲地區的訂單也同時大幅增加。

3.4.8 綠能

綠能公司的主要產品為太陽能矽晶錠、矽晶圓及多晶矽塊，亦投入薄膜太陽電池的生產，其 8.5 代薄膜太陽電池是目前世界最大的尺寸，光電轉換率約為 6%[32]。在矽晶圓廠方面，2008 年產量為 180MW，產能為 200MW，估計 2009 年產量為 180MW，產能擴增至 300MW。綠能的營收多來自於多晶矽晶圓的代工，中美晶則是單晶及多晶並重。營運規劃則是計畫在不擴充長晶爐的前提下，著重製程的改善，希望將太陽能矽晶錠重量由 270 公斤提升至 450 公斤，同時讓矽晶圓的厚度持續減少。

綠能在薄膜太陽能電池方面，薄膜製程的關鍵設備早已在 2008 年 Q2 入廠裝設完成，自 2008 年 Q4 開始量產，產能達到 30MW，2009 年則預計擴充至 50MW，初期生產非晶矽薄膜電池，未來則計畫生產非晶/微晶矽薄膜太陽能電池。綠能與美國應材公司 (Applied Materials) 合作投入矽薄膜太陽電池的生產，計畫在 2009 年 Q3 取得 8.5 代薄膜電池模組的 TUV 國際認證，以儘早提升大尺寸薄膜電池模組的世界競爭力，近期也簽訂了新台幣 18.5 億元的薄膜電池合約，以歐洲電廠與建築應用銷售為主[33]。綠能所生產的大尺寸薄膜電池轉換效率目前為 7%，預計 2012 年產能可達到 200MW。

3.4.9 宇通光能

宇通光能為一生產非晶／微晶矽薄膜太陽電池及模組的廠商，其從 2008 年 Q4 開始量產，2008 年產能為 60MW，2009 年為 120MW，其所生產的薄膜電池效率可達 8.5% 以上。未來在與聯華氣體建立長期供應關係後，其在矽甲烷（製造原料）料源充足的有利條件下，可望使產能大增。宇通光能主要產品為 1.1×1.3 平方公尺的 Tandem（二層堆疊）薄膜電池，2009 年 1 月已經完成量產，2 月又再取得 TUV 的 Tandem 認證[34]

3.4.10 聯相

聯相為聯電集團旗下的一員，於 2008 年 4 月完成裝機，2008 年產能為 25MW，預計在 2010 年全部產能可達 200MW，2014 年達 1GW，目標成為全球最大的薄膜太陽電池廠，另也與日本 ULVAC 公司簽下整廠輸出的協議。在矽甲烷供料問題上，聯相也與聯華氣體簽立長期供貨契約，建立穩定的發展條件。在薄膜技術研發方面，目前聯相與中山大學合作提出「CIGS 薄膜太陽能電池之技術開發計畫」獎助申請案，其薄膜非晶矽太陽電池雖已成功量產，但聯相更致力於 CIGS 薄膜電池的研發，即運用混合式濺鍍法製作 CIGS 薄膜電池（與 Avancis 公司類似），並尋求適當的後續研發方案。此技術及製程的研發亦有助於其他國內廠商陸續投入高效率薄膜電池的生產[35]。

3.4.11 旭晶源科技

旭晶源為美商 SRI 公司所投資，其產品為太陽能多晶矽，其自行研發多種製程及生產設備，多晶矽純度可達至 6N 以上，同時具有 5 項專利，其生產成本也較國際大廠便宜一半以上。雖然目前該公司投產延期至 2009 年 6 月[36]，但預計在投產後，其2010年產能可達 3000 噸。

1 吳振中，太陽光電來了——國內太陽光電之推展，能源報導，2006 年 6 月，頁 5-7。
2 李巧琳，保護地球的親善大使——太陽光電產業發展機會與政策探討，臺灣經濟研究月刊，2008 年2 月，頁 71。
3 2004 年 7 月改制為經濟部能源局
4 2000 年 5 月起至 2002 年 3 月止。
5 2002 年 3 月起至 2006 年 7 月止。
6 熊谷秀，我國太陽光電推廣現況及補助政策，太陽能及新能源學刊，2004 年 6 月，頁 28。
7 熊谷秀，太陽光電發電應用與我國推動現況，臺機社專刊，2006 年 12 月，頁 13。
8 2006 年7 月～迄今。
9 郭禮青，我國太陽光電發展之現況與未來，工業材料，1999 年 2 月，頁 103。
10 陳榮顯，取之不盡，用之不竭的太陽光電，工程，2007 年 8 月，頁 58。
11 能源報導編輯室，經濟部推動太陽光電政策成果亮麗，能源報導，2009 年 2 月，頁 40。
12 張維志，我國太陽光電政策推動現況，工業材料，2007 年 5 月，頁 133-134。
13 陳金德，綠色產業——推動太陽光電產業之策略目標與具體措施，臺灣經濟論衡，2007 年 12 月，頁 20-21。
14 中央社，陳瑞隆爭取 REC 在台設廠，2007 年 10 月 11日。

15 陳婉如，臺灣全面推動太陽光電產業發展，光連，2006 年 5 月，頁 28。
16 化工資訊與商情雜誌編輯室，陽光燦爛，目標清晰！——太陽光電產業的發展與問題，化工資訊與商情，2007 年 3 月，頁 9。
17 何佩芬，太陽光電第3大兆元產業，能源報導，2006 年 8 月，頁 24-26。
18 謝惠子，再創另一兆元產業——臺灣太陽光電產業協會成立，能源報導，2007 年 10 月，頁 8。
19 魏茂國，自 Turn-key 介入核心技術：台灣太陽光電全球突圍，工業技術研究院電子報，04/20/2009。
20 統計資料來源：工業技術研究院 IEK。
21 光電科技工業協進會，台灣太陽光電產業：台灣 PV 季產值統計，2008 年 5 月，頁 27。
22 王旭昇，2009 年太陽光電產業展望，台灣工業銀行產業分析資料庫，2008 年 11 月。相關網址：http://www.ibt.com.tw/UserFiles/File/971111-Indus.pdf
23 陳秀如，政府已奠定綠色矽島科技走廊利基，經建會報導，2007 年12 月 3 日。
24 參照 PIDA，台灣太陽光電產業聚落，頁 63-72。
25 吳淑君，宜蘭太陽能重鎮第十家建廠，聯合新聞網（2008 年 11 月 22 日）。
26 張佳文、松井卓矢、近藤道雄、陳頤碩、葉芳耀及藍崇文等人，新穎的次世代微晶矽鍺薄膜太陽電池，工業材料雜誌 268 期 2009/04，頁 77。
27 財富管理智庫，太陽能電池雙雄垂直布局產業比較評析，2007 年 6 月 15 日，資料來源網址如下：http://blog.yam.com/rich101/article/10488348。
28 許湘欣，加強策略聯盟：昱晶與 MEMC 完成供應合約修訂，中央通訊社，2009 年 9 月 17 日。
29 參考頂晶科技公司網站：http://www.tynsolar.com.tw/。
30 經濟部中華民國招商網，益通與美商 Spire 合作：積極布局美國市場，2007 年 8 月 31 日。
31 資料來源：中美矽晶製品股份有限公司網站：http://www.saswafer.com/index/index_tw.aspx 及相關年報內容。
32 王中一，綠能薄膜太陽能關鍵設備進廠，工商時報，2008 年 5 月 8 日。
33 參考 DJ 財經知識庫資料：http://km.funddj.com/KMDJ/Report/ReportHome.aspx。
34 資料來源：宇通光能公司網站。

35 工商時報 B3 版，聯相要做太陽能霸主，2008 年 5 月 22 日。
36 王瑞堂，旭晶源中科廠動工再延，經濟日報 A13 版，2009 年 1 月 12 日。

4 歐盟太陽光電策略研發期程及第七期科研架構計畫的太陽光電研發策略

德國Stefan太陽能發電住宅

4.1 德國、日本、美國技術優勢與研發方向

4.1.1 德、日、美生產上游技術

德國、日本、美國為太陽能技術世界領先國家，這三國在生

產和科學知識兩個層面的上游、中游、下游都相當完善、壯大，彼此呈現競爭關係，上游所指的是矽材料與矽晶元部分，由西門子法生產的七大廠預估 2009 達到 58,675 頓，佔全球約 80%。而這七大廠全為德 21%、日 20%、美 59% 廠 (PIDA，2009)，這樣的態勢和這三國技術優勢有很大關係。

目前仍然以西門子法為主要的生產方式，這樣的技術牽涉到化學、化學工程、物理化學、電子物理等基礎科學的根基，直接影響設備的研發與生產，例如：爐管、分餾還原設備、這三國在世界上都居於領先地位，也因此，矽晶材料、晶元的改良製程新技術開發，改良矽晶元生成、減少雜質、金屬導電膠也都以這三國為先導 (W.C. Sinke,C. Ballif, A. Bett, et. Al, 2007)，這些創新的技術門檻和科學基礎較高，但仍然有低截口損失、晶元片斷裂力學、低成本封裝、新支撐架構、回收、低環境衝擊製程等，需要生產操作經驗和創新的部分，比較可能有空間讓其他國家進入研發領域[1]。

4.1.2　德、日、美生產中游技術

生產中游技術主要指的是太陽能電池和電池模組；這方面也是台灣的強項，之後的章節會討論，中游技術許多需要半導體、面版製造的基礎，台灣有生產經驗。

當中游技術區分為多單晶矽和薄膜技術，需要更高技術門檻的薄膜電池部分，在眾多新興技術，已經量產的是由美資德國廠

First-Solar 生產的化合薄膜 CdTe、日本強項的薄膜矽和產量 2009 仍只有 4.8% 百家爭鳴的 CI (G) S，日本長期強於矽薄膜研發製造，兩種：a-Si 非晶矽與 μc-Si 由日本所領先，而在矽薄膜加入 Ge 鍺提高轉換效率的技術，日本與歐洲皆極力開發（張佳文等，2009）。薄膜矽的關鍵技術為沈澱系統的改良，特別是 PECVD（電漿輔助化學氣相沈澱系統）這部分是德國、美國、日本、瑞士等傳統化工、物理強國的技術強項[2]。

化合薄膜的關鍵技術在德國廠 First-Solar 靠著 CdTe 技術生產，已經在 2008 達到 500MW 的產能（王孟傑，2009），另外各國積極投入生產成本較低的 CI (G) S，兩種技術的區別在於，目前 CdTe 偏好化學沈積，CI (G) S 使用沈積實際效率僅達 10%，而採用真空製程的共蒸鍍的 Global Solar 量產已經達到 13.2% 的效率，理論日本已達到松下的 17%，濺鍍是由美國 FSEC 和德國 Avancis 開發，非真空製程的印刷、電鍍由美國 ISET 和德國 IST 所開發，不論採沈積或鍍膜，化合薄膜的先進開發仍在德國、日本、美國為主，軟性 CIGS 則加入瑞士（莊佳智，2009），都是傳統化工強國。

4.1.3 歐盟技術優勢及政策方向

歐盟執委會對於太陽光電的發展相當積極，由歐盟執委會 (EU-Commission) 這個歐盟行政最高機構所主導的各項科研計畫，除了「歐盟第七期科研架構計畫」 (Framework Progamme

7th) 當中有許多太陽光電的計畫，執委會也使用「歐洲研究區域網絡」(European Research Area-Net, ERA-NET) 模式，於 2004 年 10 月由各主要會員國大力推動太陽光電研究區域網絡 (PV-ERA-NET)。這個主要驅動研究及技術發展 (RTD) 並協調整合在不同國家或區域的的太陽光電平台，有來自歐盟境內 12 個國家的 20 個參與者，其中國家級的研究計畫案有 20 個，地區性的則有 2 個。其整體目標在於利用歐洲各國間的研究計畫之整合與協調，來加強歐洲在太陽光電技術的領先地位，以達成一致性、創新及經濟成長等長期遠景。

這個整合太陽光電研究及技術發展的網絡，不僅能強化單一的計畫及其相互間的連結，甚至是延伸到與產業、歐盟內各種研究計畫與組織的聯結。同時，PV-ERA-NET 也透過整合其他應用關鍵技術，例如材料研發、奈米科技、光學化學、分子化學等，來強化來並突破太陽光電技術的瓶頸；或者，透過與電力輸送網格聯結、與建築物的整合或混合的能源技術，來延伸太陽光電技術與產業的發展潛力[3]，而 PV-ERA-NET 的發展目標，就明確的訂立在歐盟「太陽光電策略研究期程」（簡稱 SRA, Strategic Research Agenda）於 2008-2013 年要在太陽光電上達成的目標。因此，下一節我們將先介紹太陽光電策略研發期程的技術目標，並進一步分析歐盟第七科研架構計畫與「策略性研究期程」之研發方向。

4.2 歐盟太陽光電研發關鍵之「策略研究期程」

歐盟是及至目前全球太陽光電 (Photovoltaic, PV) 技術及產業發展最快速的區域，其發展與形成的脈絡除了政策上的推動之外，也透過不同的歐盟研究組織進行技術策略的評估、技術願景的設定與實施計畫的推動，而在今日呈現相當系統、豐富的發展樣態。在政策面向上，歐盟除了於 2001 年公布 RES-e 指令即提供了綠色能源發展目標的法令架構與支援，由歐盟產官學研組成的「太陽能光電技術研究諮詢委員會」 (Photovoltaic Technology Research Advisory Council, PV-TRAC 2006) 宣示指出，歐盟策略行動計畫白皮書設定 2010 年達到 3GW 的太陽光電設備供電量，以確保(一)歐洲能源供應的多樣性與安全性，(二)減少對於氣候變遷的衝擊，(三)促進全球的經濟全面成長，(四)創造歐洲太陽光電產業的蓬勃發展並確保歐洲在此的領先地位[4]。

在這個政策目標之下，隸屬歐盟執委會之下的「歐洲研究委員會」 (European Research Council) 在推動成員國間科研合作及國際間科研合作的「歐洲研究區域」 (European Research Area, ERA) 架構下，根據歐洲共同體條約第 169 條成立各會員國參與「太陽光電歐洲研究區域網絡」 (PV-ERA-NET)[5]，以這個國家級的研究平台大力推動關鍵技術的應用整合，如材料研發、奈米科技、光學化學、分子化學等來強化來並突破太陽光電技術的瓶頸，或透過與電力輸送網格聯結、與建築物的整合或混合的能源技術，來延伸太陽光電技術與產業的發展潛力。另一方面，. 歐盟又設立了與 PV-ERA-NET 平行的「太陽光電技術平台」 (PV Technology Platform, PVTP)，來主導並進行對歐盟「太陽光電策略研究期程」 (Strategic Research Agenda, SRA)[6]的發展方向，分別以短程 (2008-2013)、中程 (2013-2020)、長程 (2020-2030) 三個階段來設定歐盟太陽光電技術、系統發展的目標。並且，統合各研究組織的政策評估及太陽光電策略研發期程的技術發展目標，實際的推動與投入第六期至目前第七期的歐盟科研計畫架構之不同研究計畫之中。

以下由於屬於科研技術部分，我們將直接精簡的整理引用「太陽光電策略研究期程」[7]報告書中之重點，讓國人能迅速掌握其研發關鍵方向：

「太陽光電策略研究期程」將歐洲太陽光電發展期程分為以下三個階段：

- 2008-2013：短期
- 2013-2020：中期
- 2020-2030：長期

首先，太陽光電策略研發期程的短期研發整體目標是希望太陽光電電力成本在南歐能與一般消費性電力成本相匹敵（2015 年以前），亦即太陽光電發電成本降至 0.15€/kWh，或是 Turn-key 系統價格降至 2.5€/Wp，而 Turn-key 系統價格主要為製造及設置的成本。除了技術性的研究議題外，太陽光電策略研發期程也強調了社會及經濟的觀點做為太陽光電達成目標的研究重點。

太陽光電策略研發期程的幾項原則是：短期研發的重點應全力集中在歐盟太陽光電產業的競爭力上，接下來的十年對歐盟太陽光電產業的發展相當重要，未來太陽光電產業將逐漸成熟且形成相當廣大的市場，因此將呈現劇烈的競爭態勢，歐盟太陽光電產業必須確保自己的領導地位。另外太陽光電策略研發期程並不具有排他性，太陽光電策略研發期程並不排斥或限制某些特定的技術，且設定了太陽光電各領域的整理目標及研究重點。對於短中長期研究的資金挹注必須是全面性的，且包括社會及經濟方面的研究，既然成本降低是首要目標，因此包括原料及系統的研發都不可缺一，而政府機構也應分層分級地對短中長期研究議題提供相關的規劃，產業也可在短期研究中負責推動研發進度，且也會因此受惠。政府必須為中長期目標籌措規劃預算，本太陽光電策略研發期程建議以 6：3：1 的資助比例逐漸擴展至 10：5：1（由於私人企業的加入投資）。根據成本減低可能性的分析，工作小組認為所有平板太陽光電模組技術都應該有相同的成本目標：在 2013 年前成本可降至 0.8-1.0€/Wp，且在 2015 年前可大規模生產，隨著時間更迭，2020 年前更希望能夠降至 0.60-0.75€/Wp。此目標可涵蓋各種模組的效率及成本。為了完全實現目標，低效率的模組必須在成本上遠低於高效率的模組，而其中重要的決定因素為 BOS 的零組件成本，而此目標不應該僅僅詮釋成一種預測，因為某些技術更有超越原本預期的潛力。太陽光電策略研發期程設定的效率目標應是一種性能目標，且與成本目標相互輝映。值得注意的是，系統成本與價格取決於系統的應用方向，同時，太陽光電策略研發期程提及的成本及價格僅只是預估，並不是相當精確的數字。

太陽光電策略研發期程對於不同電池與模組技術的充分理解、成本效能及環保問題，太陽光電策略研發期程所劃定的技術分類如下：(1)矽晶圓片；(2)現有的薄膜技術；(3)新興及創新技術（包含幫助推動前兩項技術改善的輔助技術）。

太陽光電策略研發期程雖然強調成本降低，但仍應注意太陽光電的環境影響，另外，太陽光電大規模的應用同時必須得到公眾的支持，因此其安全性也格外重要，且材料、製造及設置活動都必須具備環境友好的特性，特別是其可回收性。總言之，有關矽晶太陽光電技術首重下列主題：

- 減少模組製程中矽及其他原料的耗損率
- 改善矽原料與晶圓生產技術
- 增進電池及模組的效率（長期可利用新穎及整合技術概念）
- 高生產效率、產能及整合的生產程序
- 運用低環境衝擊的安全製程

4.2.1　太陽光電策略研發期程矽晶圓片技術目標

解析歐盟太陽光電策略研發期程的各種太陽光電技術目標，首先矽晶元部分，純化矽（多晶矽）是矽晶模組的主要成分，它是運用多種技術將原料熔化及固化後，製作程不同種類的矽晶碇或帶狀物。矽晶碇再被製作成塊，且削切至薄晶圓片，或使用雷射製成帶狀物，最後將其加工成太陽能電池，外包以抗外在侵蝕的包裝材料，藉此得以維持至少 25 年的產品生命期。相關的製程技術已經有所改善，但仍有相當可進步的空間。近年來由於矽原料短缺等問題，不得不讓太陽光電產業重新思索晶圓製程的創新，來提高矽原料使用的效率，目前矽使用比率為 10g/Wp，是比以前改善許多。

矽原料使用的技術研發正如火如荼的進行著，未來價格若是能夠控制在 10-20€/kg，則會大大減少太陽光電的成本。與矽原料生產的情況相比，電池的生產商也面臨相似的問題，亦即其在製造過程中會喪失將近 50% 的矽原料，而回收後的廢料再利用也是一樣。為了改善這種情況，製程中的減少浪費、回收粉塵及切割後剩餘材料、自動化製程等都可以減少這些不必要的浪費，長期下來應可控制在 2g/Wp 的消耗率左右，而矽晶圓相關的技術改善方面，首要任務就是能夠形成一個高生產效率、低成本的基板沉澱技術。

模組組裝也是原料使用密集的製程，其同時必須保護電池在裡面不容易受到外部環境的影響，且至少達到 25 年的生命期，最新的技術是使用堅硬的玻璃聚合物將電池封裝在鋁質的外殼內，但這技術也使得整體模組成本及能源回收期，甚至是造成自動化生產的困難。

現在，更便宜、靈活及高耐受性的封裝材料即將研發完成，而其更適合高生產速率的製造方式。電池連結的材料與技術需要加強研發，以促進超薄圓片的自動化裝配，而金屬接面電池幾何學也與傳統上的H型結構大相逕庭，後接面電池對自動化及程序簡化有一定程度的幫助，由於電池設計與金屬處理的技術改善，簡化的電子連結架構能夠崁入封裝板，並省去一些焊接的步驟。另外，某些用於製造模組的稀有元素必須找到其替代原料，例如銀等金屬，其目前每年消耗 130 公噸。

太陽光電策略研發期程中矽晶圓片研究各期程目標，如下表所示：

表 4-1

矽晶圓片原料研究重點（技術首次應用於小批量生產的時間表）			
原物料	2008-2013	2013-2020	2020-2030
產業製造方面	・多晶矽目標 消耗率：5g/Wp 成本：15-25€/Wp （依品質高低消長） 晶圓片厚度： < 150μm ・重要議題 矽原料的取得	・多晶矽目標 消耗率：< 3g/Wp 成本：13-20€/Wp （依品質高低消長） 晶圓片厚度： < 120μm	・多晶矽目標 消耗率： < 2g/Wp 成本： 10-15€/Wp （依品質高低消長） 晶圓片厚度： < 100μm

矽晶圓片原料研究重點（技術首次應用於小批量生產的時間表）			
原物料	2008-2013	2013-2020	2020-2030
技術應用／先進技術方面	‧新的矽原料 ‧改良矽晶生成 ‧能減少雜質化熔爐的再使用 ‧低截口損失切割法 ‧晶圓片的斷裂力學 ‧金屬導電膠 ‧低成本封裝材料 ‧新支撐架構 ‧回收 ‧低環境衝擊製程 ‧製程安全性	‧新的矽原料 ‧高品質晶圓片 ‧改良晶圓製程 ‧晶圓片替代品 ‧改良封裝材料 ‧避免使用有害物質 ‧安全製程 ‧傳導性黏著劑及其他不使用焊接方式的連接技術	‧新的矽原料 ‧高品質晶圓片 ‧改良晶圓製程 ‧晶圓片替代品 ‧改良封裝材料 ‧安全製程
基礎研究及原理	‧矽的缺陷表徵及控制 ‧新原料技術 ‧先進晶圓技術 ‧晶圓片替代技術	‧矽的缺陷控制 ‧新原料技術 ‧創新晶圓片技術 ‧晶圓片替代技術 ‧新金屬接面材料 ‧新封裝材料	‧晶圓片替代技術 ‧金屬接面及電池／模組製造的新材料 ‧新封裝材料

資料來源：SRA, Strategic Research Agenda

4.2.2 太陽光電策略研發期程中太陽電池及模組技術目標介紹

接下來是太陽光電策略研發期程中電池及模組方面的研究，電池和模組效率直接影響到整體的成本及價格，因此，這也是傳統太陽光電技術發展的重點。提升電池與模組的效率，及減少矽的使用率等，都可以減少太陽光電的成本。提升 1% 效能能夠減少 5-7% 的瓦峰成本。小型電池運用真空技術處理金屬接面沉澱時，可達到 24.7% 的效率，目前有三個高效率電池製程技術經過驗證後可運用於大規模生產，這三種電池製程都用了單晶矽，而大多數的太陽光電電池則是在多晶矽圓片上應用絲網印刷技術。

商業化模組效率大約分佈在 12-14%（絲網印刷技術）及 15-17.5%（高效能電池）左右，未來在短中期多晶矽模組效率可達到 18% 以上，而單晶矽則可以達到 20%，其他有發展潛力的技術尚有：使用非晶矽層板的異質接面電池、單晶矽或多晶矽基板的全後接面太陽電池。

與矽相關的技術在長期太陽光電發展將仍有其重要的位置，但 2020 年後，確切的模組效率、矽消耗率、電池與模組設計及原料方面，都充滿了不確定性。特別是那時的太陽光電市場將是數十 GW/year，而且矽相關技術到時也將包含了現在仍屬於新興或創新的技術，另外，原本電池製造及組裝的多種步驟，也可能利用更輕薄的圓片材料簡化成單一的生產流程。長期下來，模組效率將突破既有的試驗結果或預測，但這必須依賴模組周邊零組件的整合技術來完成目標，基此，先進概念與材料基礎應用研究也應該納入矽晶電池的研究計畫當中。

表 4-2　太陽光電策略研發期程的矽晶元電池與模組研究重點圖表

矽晶圓片電池及模組研究重點（技術首次應用於小批量生產的時間表）			
原物料	2008-2013	2013-2020	2020-2030
產業製造方面	・模組效率 > 17% ・單及多/晶條帶 > 15% ・在線高產出製程 ・標準化 ・安全製程及產品	・模組效率 > 20% ・單及多/晶條帶 > 18% ・高生產速率 ・無骨架結構 ・安全製程及產品	・模組效率 > 25% ・能源回收期 < 6 個月 ・安全製程及產品
技術應用／先進技術方面	・背面接觸式電池結構 ・電子接面新技術 ・射極及鈍化的異質接面 ・接面／表面鈍化 ・捲軸式／自動化模組製造 ・低成本骨架／固定	・產品生命期 > 35 年 ・金屬接面（程序、組合及原料） ・改良模組元件結構及連結組合 ・金屬接面（程序、組合及原料）	・改良元件（電池／模組）整合結構
基礎研究及原理	・低成本晶圓片的磊晶矽膜 ・低重組接面 ・新元件結構 ・新鈍化技術	・低成本晶圓片的磊晶矽膜 ・陶材的重複矽晶化 ・低重組接面 ・新元件結構	・新元件結構

資料來源：SRA, Strategic Research Agenda

4.2.3　太陽光電策略研發期程薄膜技術目標介紹

太陽光電策略研發期程薄膜的太陽電池發展方面，太陽光電電池是以大面積的基板所沉澱而成（大於1m^2 的玻璃層板或是數百公尺長的箔板），而薄膜太陽電池成本較為低廉的原因為：僅需較少的原料、適用整合程序及高生產效率等特色。現今有三個較為重要的無機的薄膜技術，且均以應用在大規模生產上，亦即：非/微晶矽薄膜（TFSi，13% 的效率）、多晶矽半導體薄膜（CdTe，16.5% 的效率）、CIGSS 薄膜技術（銅、銦、鎵、硫、硒，效率達 19.5%），而它們具有共同的特性，即為都只需要少量的半導體原料（厚度通常為千分之一 mm，亦為 1μm），且均有室外環境的耐受性，而這也代表著其能源回收期較短，將來更可能達到三個月的回收期。

目前，薄膜太陽電池的市占率為 10% 以下，但預計在 2010 年可達到 20%，大面積沉澱製程技術、玻璃及面板產業的經驗也能夠從中協助發展，使薄膜技術更上一層。另外，整體太陽電池串連技術也可簡化模組組裝過程，而利用聚合物或金屬基板及捲包塗佈技術，也可製作彈性質輕的模組。基此，模組技術在這裡有相當大的降低成本潛力。薄膜太陽電池所面臨到的挑戰在於其大量生產的產能上，全球薄膜太陽電池產能預估在 2010 年達到 1GWp/year，2012 年為 2GWp/year，而除了日本及美國外，歐洲具有良好的薄膜太陽電池研發基礎及為數不少的廠房設備。

由於生產規模增加、模組效率提升的原因，2010 年的整體製造成本減少至 1-1.5€/Wp 的範圍內，2030 年也將降至 0.5€/Wp，而各項薄膜技術也隨其特性在成本發展上發揮良好的作用。綜所言之，低成本、高效率及產能的薄膜技術將不斷進展更迭，研發重點也應該著重品質及速度。

表4-3　太陽光電策略研發期程的薄膜太陽光電的研究重點：

薄膜太陽光電研究重點（技術首次應用於小批量生產的時間表）			
原物料	2008-2013	2013-2020	2020-2030
產業製造方面	・產線生產力及品質的最佳化 ・生產設備的標準化	・先進原料及製程的評估 ・先進品質控管整合 ・試驗捲軸式概念	・概念驗證：改善的／新沉澱方法、製程及原料的結合
技術應用／先進技術及裝設（包括運作及維護）方面	・模組效率增加3% ・改良沉澱及鑄模零件及其概念 ・品質控制方法的研發	・再增加模組效率2% ・其他沉澱方法及基板／封膠概念 ・低材料成本製造的驗證	・再增加模組效率2%
基礎研究及原理	・薄膜原料物理及化學性的基礎研究	・光滯留技術 ・其他沉澱、鑄模及封膠的技術發展 ・改良平面玻璃基板	・多重接面 ・光譜轉換概念 ・技術結合

資料來源：SRA, Strategic Research Agenda

4.2.3.1　太陽光電策略研發期程薄膜太陽電池技術目標：TFSi 矽薄膜太陽電池

TFSi 模組方面，其原料為非晶矽、矽鍺合金及微晶矽，且利用矽的再結晶程序。而由於微晶矽等原料技術的進步，且目前美國及日本許多公司在政府的支持下有能力提供高品質的此類太陽電池產品，TFSi 產品也直接受到 PECVD（電漿輔助化學氣相沉濺系統）技術的影響而獲得改善，歐洲各國也同樣採用了此設備技術。另外，挾其模組製造商、設備生產商及研究中心的良性競爭環境，為歐洲創造了一個 TFSi 發展的有利條件。

TFSi 模組的長期成本受到下列因素所影響：活性層材料成本、模組效率、封裝材料及生產設備投資等。因此，研發重點應該放在活性層材料、生產原料的方法及適用的 TCOs、基板，主要的目標如下：

低成本的離子沉澱技術（製造高品質的微／奈米晶矽太陽電池）、高品質的 TCO 及玻璃（有關活性電池基板沉澱程序及非透明基板的原料）、材料特性的通盤研究（微晶矽電子傳送及單一或多重連結元件的介面傳送、電池塊內光反射器的使用）、封裝物質／零組件、創新層板及原料（微 SiGe、SiC、奈米晶鑽及光譜轉換器等）、低成本的沉澱替代方法。

效能及系統元件方面，單一接面非晶矽模組的效率可藉由許多方法加以改善，例如：利用其與微晶矽及 SiGe 合金的接合。這些方法也是達成長期目標的最佳選擇，當中最具效力的應是屬於非晶矽及微晶矽接合的串聯電池，雖然這些不同種類晶矽結合運用在實驗室階段的轉換效率頗高，但其轉換至商業生產規模時，效率則減少許多。因此，如何掌握這些多重接面的薄膜太陽電池及模組效率，其實是一個重要的研究任務。

表4-4　太陽光電策略研發期程薄膜矽 (TFSi) 發展狀況：

薄膜矽 (TFSi) 研究重點（技術首次應用於小批量生產的時間表）			
原物料	2008-2013	2013-2020	2020-2030
產業製造方面	・PECVD 系統（電漿輔助化學氣相沉澱系統）的微晶矽沉澱 ・μc-Si（微晶矽）高沉澱速度 ・高品質 TCO（透明導電氧化物） ・低成本封包方法／可靠性 ・生產技術（連結／淨化） ・捲軸式製程 目標：生產線效能驗證 100MWp： 成本小於 0.95€/Wp；效率(η) 大於 10%（玻璃基板） 50MWp： 成本小於 0.75€/Wp；效率大於 9%（彈性基板）	・次世代的發電設備（低原料使用率、高產速、高效率） ・生產程序簡化 ・低成本封包 目標：概念驗證 200MWp： 成本小於 0.65€/Wp；效率大於 12%（硬質基板） 100MWp： 成本小於 0.5€/Wp；效率大於 11%（彈性基板）	目標：概念 500MWp： 成本小於 0.4€/Wp；效率大於 15%（硬質基板） 500MWp： 成本小於 0.3€/Wp；效率大於 13%（彈性基板）
技術應用／先進技術方面	・非晶矽及微晶矽的大面積離子製程 ・改良基板及TCO（光滯留） ・先進崁入材質 ・吸收物沉澱的替代技術 目標：驗證 模組效率大於 12%	・新沉澱反應器的概念 ・高品質 TCO/基板的製程 ・大面積的最佳化光滯留結構 ・製程中產生氣體回收／全氣體使用 目標：概念 模組效率大於 15%	・前導反應器的元件改良測試 ・超高產速產線／反應器的設計 ・製程簡化 ・生產線的全部整合

薄膜矽 (TFSi) 研究重點（技術首次應用於小批量生產的時間表）			
原物料	2008-2013	2013-2020	2020-2030
基礎研究及原理	・層板及介面電子特性的定量分析 ・TCO/半導體介面 ・光滯留的定量分析 ・改良電池層的研發（微晶鍺化矽、SiC、奈米晶鑽） 目標：提升及驗證電池效率達到 15% 以上	・高沉澱率的新技術 ・薄膜矽的量子點結合及光譜轉換效應 ・薄膜矽與其他太陽光電技術的結合 ・薄膜矽基本限制的研究 目標：穩定效率達 17% 以上	・高效能材料 ・p 型 TCOs ・光子晶、繞射效應等 ・新材料使用 ・測試新概念 目標：縮小技術構想的範圍以減少成本

資料來源：SRA, Strategic Research Agenda

4.2.3.2 太陽光電策略研發期程薄膜太陽電池技術目標：CIGS

CIGSS 是目前無機太陽電池及模組效率最高的技術，電池可達到 19% 的效率，商業模組為 12%（面積為$0.35\text{-}0.7m^2$），如果成本要減少，必須注重以下的研發重點。

第一代的 CIGSS 模組大量生產早就開始，但仍有繼續研究及應用的必要性。像是：吸收器沉澱非真空技術、非玻璃基板的使用、低成本的封裝技術等。同時，產業也應致力於更具效率的二代 CIGSS 電池及模組的長期研發。

CIGSS 薄膜技術的主要關鍵在於原料成本的降低。像是銅、銦等金屬可以使用其他金屬替代，隨著大規模的生產趨勢，這種替代原料的研究更顯急迫。而以上製程中的材料浪費也必須避免，活性層厚度減少、TCOs 層的改良及硫化鎘緩衝層的製程成本也很重要，其他像是 CIGSS 並聯電池帶隙原料及製程同樣值得重視。

表 4-5　CIGSS 薄膜研究重點（技術首次應用於小批量生產的時間表）

原物料	2008-2013	2013-2020	2020-2030
產業製造方面	・高產出、產速、低成本原料消耗率的 CIGSS 模組生產設備 ・延長模組生命期的高產速、低成本封包製程及設備 ・效率 14% 的 CIGSS 模組設備驗證（吸收物沉澱時間少於 5 分鐘） ・所有薄膜產業產品及設備的標準化 目標：產線驗證 50-100MWp：成本小於 1.2€/Wp，效率約 14%	・效率 16-17% 的 CIGSS 模組生產設備 ・低能源原料消耗率的設備最佳化、替代緩衝層 ・模組及生產廢料的回收 ・模組卷軸式生產程序的驗證 ・硬／彈性模組超低成本封包驗證 ・大面積模組生產設備 目標： 大於 100Mp 產線：成本小於 0.8€/Wp，效率約 14-15%	・大規模生產 CIGSS 模組適用之元件產業與製造研究（高效率及低成本） ・修改後的連結架構及製程的技術移轉 ・超輕及低成本的封包技術移轉 ・能源需求量、原料及廢料極小化製程的再次最佳化
技術應用／先進技術方面	・CIGSS 模組室外運作的監控 ・回收流程（廢料及產品） ・功能層的高速沉澱製程	・大面積 CIGSS 模組（效率為 16-17%）製程 ・捲軸式模組生產程序	・效率大於 18% 的模組概念、電池方面的驗證（例如：使用改良黃銅礦、矽或染料的雙重及三重結

原物料	2008-2013	2013-2020	2020-2030
技術應用／先進技術方面	・效率 14-15% 的大面積 CIGSS 模組的製程 ・連續／線上品質控制技術 ・太空用途的 CIGSS 模組 ・減少投入原料（薄膜厚度、純度）	・低成本 CIGSS吸收器的替代沉澱方法 ・替代緩衝層 ・修改連結及電池架構 ・圖像化（patterning) 替代製程 ・CIGSS 模組的聚光應用	構） ・使用較便宜、蘊藏量多的原料取代先前較貴的生料（例如：銦及鎵等） ・CIGSS 電池光滯留概念驗證
基礎研究及原理	・計量老化模型及長期穩定 性的研究 ・缺陷、瑕疵及亞穩 (metastabilities) 的質性及計量分析 ・所有層板及電池品質的沉 澱要素之影響、基板之影響 ・CIGSS 的外質性雜滲 ・減少昂貴材料的金屬篩選技術	・缺陷、瑕疵、亞穩 (metastabilities) 及層板結構的質性及計量分析 ・吸收器及其他功能層品質沉澱因素的研究 ・緩衝層化學性及增加電池效率的電子帶結構研究	・能夠替代多重吸收器電池的全光譜利用電池概念（例如：上／下轉換器、量子點結構） ・使用 CIGSS 奈米粒作為有機電池結構吸收器的概念 ・多重結構使用的 p 型 TCOs

資料來源：SRA, Strategic Research Agenda

4.2.3.3 太陽光電策略研發期程薄膜太陽電池技術目標：CdTe

CdTe 的優勢在於其結構簡單且具有一定的穩定度，因為此特性使得它並不容易受到外在環境條件的改變，且不會受到所吸收的光子來破壞他本身的穩定性。CdTe 電池製作也較為容易，且成本較低廉。CdTe 電池的效率主要受到以下因素所影響：CdTe 層形成條件、CdTe 層沉澱時的溫度及其所使用的基板。CdTe 在 600℃的高溫下使用無鹼玻璃可以製作出效率為 16% 的電池，相對而言，其他溫度下製作的 CdTe 電池效率則較小。而利用異質接面原料及加熱冷卻方法來控制 CdTe 電池的特性，則可控制其最終效率，簡化原有的製程並提升生產速率。

CdTe 中的「電子後接面」是一項重要的研發問題，因為它會進一步影響模組的長期穩定性及其效率。而 p 型 CdTe 則是因為其電子親合性及帶隙，電子接面問定性容易受到影響，雖然目前已有多項技術能夠改善其半歐姆接面的效率，但此仍有改善的空間，製程上的替代方法也必須重新加以討論。

CdTe 最有效率的是含有一層覆板的電池，而 TCOs 特性及其可適用性對於模組效率的影響很大，較薄的 CdTe 吸收層能使碲原料發揮最大的效用。CdTe 薄膜電池在歐洲及美國均有 100-200MWp/year 的產能，目前的模組效率則可達 9%，而製造成本也與 c-Si 不相上下，快速且簡化的吸收層物質沉澱程序更能夠加速 CdTe 薄膜電池的發展。更重要的，CdTe 具有 15% 的效率潛力，且可能達到 0.5€/Wp 的成本，但這必須憑藉原料的基礎物理性研究來達成目標。

在短期目標方面，製造技術過程必須加以改進，長期而言，低溫電池生產的技術研發也很重要，其他研發重點也應該包含：研發多重吸收電池概念、採用光滯留技術的產品設計等。與前述兩種薄膜電池的一樣，回收機制的建利也同屬重要。

表 4-6　太陽光電策略研發期程在 CdTe 太陽電池的研發目標：

CdTe 碲化鎘薄膜研究重點（技術首次應用於小批量生產的時間表）			
原物料	2008-2013	2013-2020	2020-2030
產業製造方面	改良標準電池生產技術： ・適於連續生產線及乾性製程的先進活性化／韌化、替代含氯前導物的利用 ・真空製程的歐姆背面接點、避免濕性化學蝕刻的製程 ・先進 TCOs、模組的新連結製程 目標： 效率為 12%、成本小於 1€/Wp 的模組	先進電池生產技術： ・具有更薄薄膜的元件 ・晶核作用及沉澱薄膜型態的控制 ・簡單且有效的沉澱及各製造階段 目標： 效率為 15%、成本小於 0.5€/Wp 的模組	電池生產技術最佳化： ・元件結構修改（薄膜序列轉化、正負兩極電池等） ・能夠解決電池物理性限制的元件結構及轉換效率 目標： 效率為 18%、成本小於 0.3€/Wp 的模組
技術應用／先進技術方面	・同質沉澱的控制改善 ・改良雜滲／活化性過程 ・異質接面被控薄膜相互擴散的研究 ・簡化背面接點材料與製程 目標： 標準電池與模組的知識深化（效率與穩定性的改進）	・針孔及較弱兩極真空管的淘汰 ・低成本的替代 TCOs（更薄薄膜且效率更佳的電池） ・較低製程溫度 ・改良沉澱技術及其相關設備（高速、低溫、大面積及低原料消耗率） 目標：改良電池技術的應用實踐	・替代透光層 ・小批量生產的創新替代元件測試與研發 ・新概念與雙連結的首次測試

CdTe 碲化鎘薄膜研究重點（技術首次應用於小批量生產的時間表）			
原物料	2008-2013	2013-2020	2020-2030
基礎研究及原理	・介面相互擴散過程的研究 ・非同質及粒邊界效應的研究 目標： 標準 CdTe 電池物理性的基礎研究	・針狀結構的新電池概念 ・沉澱過程、原料及元件結構的調查研究（為了達成高效率及穩定性） ・結構電池的研發（可在較薄層板中產生光滯留） ・其他二六族半導體 目標： 先進 CdTe 電池物理性的基礎研究	・第三代發電概念（全光譜應用） ・雙重／三重電池 ・混合染料／二六族混合電池 目標： 全光譜二六族電池物理性的基礎研究

資料來源：SRA, Strategic Research Agenda

所有薄膜太陽電池技術的簡述：薄膜太陽電池對於成本降低有相當強大的潛質，當然，這必須仰賴於盡心盡力的研發工作，不管是在基礎科學或生產技術上，相關的發展重點如下：

現今薄膜技術的共同觀點及原理：

・可靠且具成本效益的生產設備

・低成本封裝方法（硬性及彈性的模組利用）

・品保程序的完整建立

・材料及老舊模組的回收

・尋找稀有原料的替代物質材料

TFSi：

- 微／奈米晶矽太陽電池大面積沉澱的製程及設備
- 低成本 TCOs 的研發、創造高效率的模組
- 高效 TFSi 產品、介面與材料特性的研究、光滯留及 TFSi 原料與產品的限制問題

CIGSS：

- 生產速率、產量及生產設備標準的改善
- 系統元件的物理性研究（提升模組效率至 15% 以上）
- 原料結合與其他製造的替代方案（捲軸式封填及非真空沉澱方法等）

CdTe：

- 控制 CdTe 層特性的活化加熱冷卻方法
- 後接面的改良與簡化
- 高效率的概念原理
- 更薄 CdTe 層的新概念原理
- 原料及介面基礎原理研發（可於試驗階段提升效率至 20% 以上）

太陽光電策略研發期程關於新興太陽光電技術方面，

歐洲對於新興技術已經建立了強大的研發優勢背景，而其商業化也完成了初步動作，且主要有以下三種新興的技術

4.2.4 新興及創新技術

4.2.4.1 改良無機薄膜技術

這裡所要討論的先進無機薄膜技術雖然是根據前面提到的薄膜技術而來，但不同的是，這些新興的薄膜技術都與基板、沉澱及模組製造技術有關，且能夠將前述論及的薄膜技術導向其他不同的發展途徑，首先介紹的是一種球形 CIS 技術，此技術主要是利用多晶矽化合物箔來包覆玻璃球體，且其球形電池連結的形態也與典型的塊狀連結方式不同。

4.2.4.2 高溫製程的多晶矽薄膜技術

另一項技術則是高溫製程的多晶矽薄膜技術，其製造溫度比傳統 a-Si 及微晶矽使用的溫度更高，此技術的沉澱效率及活性矽層品質也相當高，而未來技術可望在五年內將效率提升至 15%（試驗階段）。不過高溫沉澱設備的研發仍在初期階段，且必須有適當的陶製或耐高溫玻璃基板來相互配合，歐洲便有一家公司運用這種技術，且有專利核准的技術背書。

4.2.4.3 有機太陽能電池 (Organic solar cells)

在此技術類別中，活性層中至少會含有：有機的、細小的、染料、揮發性有機分子及化合物等，而有助液化的過程。有機太陽電池因為其活性層原料成本低、基本成本較少及低能源消耗特性，已成為太陽光電研發的重點項目，而此優勢特性也使得印刷活性層的製造成為可能，且使生產速率大幅成長，模組成本藉此減少至 0.5€/Wp。

有機太陽能電池技術不同於前述平板異質或同質接面太陽電池技術，此技術的基礎在於利用奈米材質製成光生載子介面，以增加分散效率及光載體的聚集。而有機技術還可次分為後面兩種：混合型（混有無機成分）及全有機型（施受體異質接面電池等）。兩種技術都面臨了效率提升、穩定度及製程研發等問題，其效率在 2015 年可望提至 10%（試驗階段為 15%），而這必須靠物理性、新合成材質及新的基礎原理研發，另外，穩定性（活性層的有機原料、奈米非晶矽、金屬導體及有機半導體接面的穩定性）研究也值得重視。而前述三種穩定性能夠達成後，且配合封裝技術（有機 LED 及有機電路），可達至模組內長達 15 年的穩定度，歐洲在有機太陽電池的研發保有領導地位，部分原因是產業本身的大力推動所造成的。

創新太陽光電技術本章節的技術特點在於其高效率的改善潛力。有兩種不同的技術可分為：將活性層修改至最符合太陽光譜的技術；及在活性層外部修改進入的光譜，而非修改活性層的特性。奈米技術及奈米材質均於以上兩種技術相關連。

4.2.4.5 創新活性層

奈米技術能夠將三種作用結果引入活性層：量子洞、量子線及量子點，且利用三種不同的方法來達成以上的作用。首先，第一種方法的目標是將電流與電壓做出最有利的結合，此與半導體使用的帶隙有關，使用最佳化的原料可促進電流及電壓的協同作用，而在寬帶隙主半導體內，利用量子洞及點組成的低帶隙辦導體，可讓電流在增加的同時，也能保留主半導體更高產出的電壓。第二種方法的目的在於使用量子滯留效應，以獲得更高帶隙的材料。第三種方法目的在於載體在熱化至相關能源帶底部的前的匯集，而能夠增加受刺激載體的全部能源產生的可能性。歐洲許多研究團隊已經建立了許多有關研發及應用奈米技術的優勢地位，長期研究成果目前也已漸漸顯出，而以上三種方法也促進了基礎原料研發、先進光電特性及測定電池效益標準的研發工作，熱能元件效率的限制可達 50-60%，而預估在 2015 年前可達成試驗階段效率為 25%，此技術也可配合聚光技術，因為要達到最佳效能，就必須有充分的日照條件才行。

4.2.4.6 修改太陽光譜技術

此技術是調整進入的太陽光譜，在活性半導體內可達成最大電力轉換的效率。而此必須依靠上下轉換層及離子的相互作用，奈米技術在此也扮演重要的角色，經由光子及金屬奈米粒作用所產生的表面離子可增加光轉換的效率，原理就是在於其能夠增加進入光線的波長，或是增加吸收面積的大小，唯此技術仍處於發展初期階段，但其量產上市的時程將會突飛猛進，另外在效率提升的驗證也應進一步驗證，而相關層板合成與電池製造技術也有研究的必要。周邊電池零件及活性層的整合研究也應囊括在內。

4.2.4.7 研發重點

以下顯示了創新技術發展值得思考的問題：

- 只有當一項個別技術在產業應用上有可行性，未來的成本評估才顯得有所意義，假如模組效率偏低，則也應該降低模組成本。
- 「性能」在此指的是試驗階段的效率。
- 此領域的研究發展將指日可待，尤其是在 2020 年以後。
- 「系統元件」也同時包含元件概念及技術等。

2007-2013 年的新興技術發展重點將在於效能及穩定度的提升、封裝技術、第一代模組製造技術的發展等。而創新技術強調的重點更是在於原來技術的持續發展，相關的概念驗證也將在不久後完成，有關研究、製造及奈米光電特性理論及實驗工具也有必要發展，因為這些都對創新技術的研究有直接的幫助。而在 2013 年以後，預估將有突破性且經驗證的可量產技術脫穎而出。最後，不管是創新或是新興技術發展，都必須憑著大學組成的研究中心，以提供強大的太陽光電研發背景，且這樣的做法也會使研發成果可受客觀的檢視及評價。

表4-7　太陽光電創新技術研究重點（技術預期進展與首次應用於小批量生產的時間表）

基本分類	技術	研究方向	2008-2013	2013-2020	2020-2030後
創新活性層	量子洞 量子線 量子點 主半導體的奈米粒子內涵作用	原物料	沉澱技術奈米粒合成金屬中介帶塊材型態學及光電特性研究	同左	最有潛力且低成本的方法（沉澱技術、合成、電池模組技術）且能夠降低成本至0.5€/Wp以下
		元件	光強一倍及聚光型第一功能電池	實驗型電池挑選	
		效能	未定	效率為30%	
		成本	未定	未定	
元件外圍結構改善提升	上一下換流器	原物料	原料的基礎研發	升級層板原料的穩定性	最有潛力且低成本的方法（原材料合成、沉澱及外圍層板技術應用）且能夠降低成本至0.5€/Wp以下
		元件	現有太陽電池型態的首次驗證（光強一倍及聚光型）	實驗型電池挑選	
		效能	未定	效率大於10%且基線相關的改進	
		成本	未定	未定	
	電漿子效應的探索研究	原物料	尺寸、幾何及功能性控制的金屬奈米粒子合成	升級層板原料的穩定性	
		元件	現有太陽電池型態的首次驗證（光強一倍及聚光型）	實驗型電池最具潛力方法的選擇	
		效能	未定	效率大於10%且基線相關的改進	
		成本	未定	未定	

資料來源：SRA, Strategic Research Agenda

4.2.5 聚光型技術 (CPV)

4.2.5.1 簡介

聚集光線發電的構想大約與太陽光電本身的發展歷史長短相同，透過透鏡或鏡子聚集陽光能夠減少太陽電池及模組的作用面積，且能夠增加效率。CPV 對光線照射有依賴性，且需要隨著太陽來移動系統本身，但這些缺點目前可透過長時間暴露在日光下的動作來加以彌補。此技術最大的功能在於可增加系統的效率達 30%，此並非由單一接面的太陽電池技術可以完成。CPV 在研發中占了少部分的分量，但時間卻已長達 25 年，美國的 Sandia 實驗室早在 1970 年代中期便已研發了第一個聚光系統，而在往後的時間內陸續有類似的研究成果出現。法國、義大利及西班牙隨後也有類似於 Sandia 實驗室的聚光型設計。迄今，CPV 製造產能則小於 1MWp/year，但過去幾年來已有許多公司投入 CPV 的市場，主要原因如下：

- 已經有大型太陽光電發電廠的設置，因此需要此技術來增加產能。
- 使用三－五族半導體化合物製造的太陽電池，能夠創造 35% 的效率，而未來更希望能夠達成 40% 的目標。

4.2.5.2 原料及零件

CPV 研發應遵守以下原則：

- CPV 較適合配合中大型的太陽光電系統

・CPV 適用於開放區域且平坦的屋頂

CPV 的設計有相當多的變化，聚光因子有小、中、大之分，聚光要素有反射、折射或是其他光學作用，追蹤系統可以是 1-axis 或 2-axis 及其他系統配合。為了表示 CPV 系統的多元，其研發活動可分為：

・聚光型太陽能電池製造

・光學系統

・模組組裝及聚光模組系統的製造方法

・系統概念原理：追蹤、轉換器及設置問題

CPV 研究必須顧及整個系統，只有在考慮到所有零件的相互連結時，才能夠使系統效率達到最高，而這都必須依靠不同的研究小組間合作才能完成。而在 CPV 系統中的零件研究方面，CPV 系統應該使用高效率的矽晶電池及三－五族化合物電池，而製造這些電池的環境必須相當清潔。

有關光學系統的研發則是在於鏡子、凹面鏡、透鏡、Fresnel 透鏡及次聚光器等，這裡研發重點並非是去創造一個新的裝置，而是結合一些已存在的穩定技術，使其更具可靠性及能夠降低成本，不過目前仍不清楚聚光型系統可達到的精確理想程度，但大致的趨勢是希望能夠將聚光因子 300-1000 的光學系統，其在表面及其塗佈上能夠相當精準，像是：Fresnel 透鏡原料必須是在尖銳的圍邊下製造而成，而其透光率可達 90% 以上，折射原料必須是吸收性低且抗反射的，反射鏡也必須達到 90% 的比例，以上全部要素都必須減少原料的使用量，且自動化、系統老化測試也是不可或缺的。

另外在模組組裝方面，其光學要素是要靠聚光型電池的幾何連結才能夠發揮效用，相關製造必須是在自動化、高速、高精確度的製程下才能夠完成，而這也必須向微電子及光電設備裝置製造者取法相關技術。而在模組組裝的過程中，整合及連結的工作也不可少，在某些情況之下，光學要素與太陽電池連結後也會被包覆在防侵蝕的外殼之中，此外殼也必須是防潮、抗蒸氣及雨水入侵的。另外也必，須考量到模組本身的大小、製造成本、標準耐受性測試及回收機制的設計等。

對於整體系統方面，CPV 成本部分是來自於追蹤器，而其最大的成本則是鋼材的使用。因此製造研發的重點仍是在於成本的減低，其追蹤器在尺寸、承載能力、穩定性、硬度及材料耗費率上都必須兼顧，因此，太陽光電研發社群間的通力合作倍顯重要，其他領域的科學亦然，例如：造橋、起重機具及船隻技術的研發等。另一項有關系統的重要議題則為戶外環境的陽光追蹤精確度，其有可能受到濕度及風的影響，高聚光系統應該將精確度控制在 0.1 度的標準，而系統錯誤發生後的分析也必須自動且快速。

表 4-8 聚光型光學系統研究重點（研究結果首次應用於小批量生產的時間表）

原物料	2008-2013	2013-2020	2020-2030 其後
產業製造方面	・減少成本（透鏡及反射鏡）：光學目標成本小於 0.5€/Wp 或小於 20€/m^2，在 2013 年前可低於 0.20€/件 ・程序自動化、高產量 ・高光學效率、抗反射的低成本原料	・光學目標成本小於 0.3€/Wp ・光學效率 85% 的系統設計及原料（大量生產時）	・目標成本小於 0.1 €/Wp ・目標光學效率大於 90%
技術應用／先進技術方面	・初級及二級光學研發（具有較寬接受角的中高度聚光性） ・改良光學零件結合及電池組裝的技術 ・初級及二級光學零件製程的研發	・塑料及玻璃材質薄膜及塗佈 ・光學反射鏡及透鏡高自動化生產概念	・大面積塗佈的新技術
基礎研究及原理	・增加光學效率（大於 85%/year）、穩定性（大於 20 年）、光學及整體系統的接受角 ・箔片及塗佈長期測試順序研發 ・高聚光性新光學概念	・超高聚光性（大於光強 2500 倍） ・解決熱轉換問題 ・熱電混合光學系統的研發	・高聚光性及高接受角的光學元件 ・減少追蹤需求的先進光學系統

資料來源：SRA, Strategic Research Agenda

以上系統各部分的研發成果已經有所驗證，且具有成本效益，標準化的佈局也是指日可待的。另外在換流器的研發應該用在 CPV 系統之上，CPV 模組電力也能夠應用在追蹤控制上，追蹤控制及換流器的整合可以為系統節省很大的成本及空間。

表 4-9　聚光型模組及系統組裝、製造研究重點（研究結果首次應用於小批量生產的時間表）

原物料	2008-2013	2013-2020	2020-2030 其後
產業製造方面	・模組效率目標：25% ・組裝成本目標：0.7-0.9€/Wp ・模組保證生命期目標：大於20年 ・模組製造概念	・模組效率目標：30% ・組裝成本目標：小於0.5€/Wp ・自動模組固定及封膠概念	・大產能聚光型太陽電池模組生產概念（GWp等級）
技術應用／先進技術方面	・單一零件、太陽接收器組裝、本體、線路及整體系統的低成本概念及自動化製程 ・高產速組裝方法	・回收概念 ・簡易固定與替換程序	・全自動生產的概念
基礎研究及原理	・穩定長期效能的新封膠技術 ・長期可靠性的原料研發（如黏劑、矽膠及焊接等） ・使用於模組製造的原料間交互作用研究	・大尺寸模組設計 ・有效被動冷卻方法 ・聚光型太陽電池與熱太陽能的混合運用 ・不同聚光型太陽電池模組技術的混用（太陽電池及電解槽的利用以產生氫）	・低成本及高等級模組整合的新原料

資料來源：SRA, Strategic Research Agenda

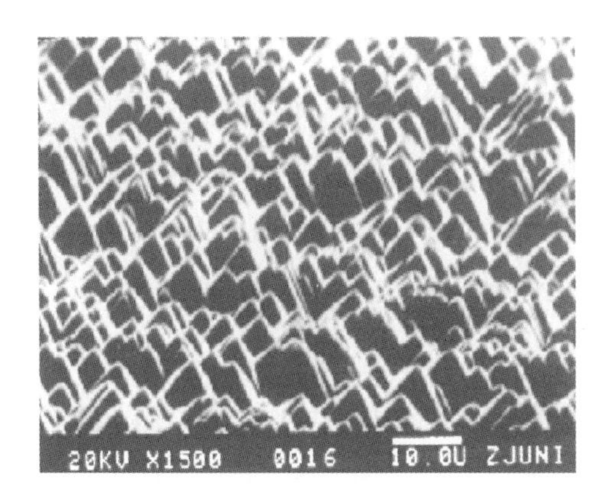

4.3 歐盟第七期科研計畫架構之太陽光電研發分析

首先，根據歐盟第七期科研計畫架構 (FP7) 方案中，經本書搜尋、整理所有有關太陽能光電與電池等計劃發現，FP7 的太陽能科技預算在第一代、第二代與第三代太陽能電池研發比例上，呈現近 1：1：2 的預算比例，大致上可以分為第一代技術應用/先進技術方面 (11.04 million euro)、第二代產業製造方面 (6.35 million euro)、第二代基礎研究及原理 (4.46 million euro)、除了持續對第一代、第二代的基礎和產業技術研發之外，也著重在未來第三代有機、無機以及染料敏化太陽能電池的研發製程上；第三代有機太陽電池 (5.65 million euro) 與先進無機薄膜技術 (14.05 million euro)，另外一方面，奈米和系統模組整合在整體研發合作上也有明顯重要的角色，創新活性層（奈米）(29.12 million euro)、聚光型光學系統研究重點 (3.42 million euro) 以及聚光型模組及系統研究重點－太陽追蹤、轉換及設置 (34.35 million euro)，可以看出歐洲在創新科技方面的資金挹注情況，積極得爭取研發資源以利科技商業化。此外元件外圍結構改善提升（電漿）(2.09 million euro)，這部分的技術也是我國極欲爭取的關鍵技術之一，如果我們能有機會與歐洲合作，此一關鍵技術的掌握對我國廠商來說絕對是一大利多[8]。最後，從歐盟太陽光電技術平台之策略研究期程 (SRA) 的預算分配計劃來看，隨著太陽光電產業的持續成長，太陽光電技術平台估計在整體的研發比例上，可分為短；中；長期大約 10：5：1，從本計劃所收集到第七期科研架構計畫子計劃的時程來看，大概都是集中在 2013 年以前，因此這些研究計劃都是注重在短期的研發，期望在短期內達到短程太陽光電策略研發期程的階段目標。

1.第三代太陽能電池研發

由於第三代電池相對前面一二代電池具相對較低的成本優勢，因此被視為另一種太陽電池研發途徑，目前第三代太陽能電池的技術還在突破效能上的表現，未能達到穩定的商業化階段，歐洲各研究單位在這部分的研發方向，除了追求原物料和效能的技術之外，也將焦點放在未來商業應用的角度上。

2.原物料研發、效能突破、降低成本

在 2013 年短程內的目標大多著重在各技術的原物料研發與效能突破上，除了檢視目前已經使用的原物料之外，並且藉由大量資料的審核，找尋最佳的原物料效能應用，顯然對於目前太陽能電池效能的表現上，在現實與理想之間還有許多努力的空間，以至於在基礎原物料的研究上仍佔有一大部分的比例。

3.奈米應用與系統整合

雖然近幾年在發展新穎結構和奈米應用上有許多傑出的製程研發，但是由於缺乏穩定的製造科技，使得在新興科技探索這塊受限許多，因此，歐洲各研究單位也無不致力於發展奈米科技於太陽能電池上，這不僅可能將大大提升太陽能電池的效率而已，以可能連帶影響其他科技面的實際應用，因此就科技綜效來看是最有價值的一環，另外，由於複雜的系統整合需要更多的研究突破，為了加速科技的產業化，在資金的投入和合作規模上佔了將近三分之一的比例，影響的層面涵括了地方企業、政府機構以及國際合作的單位。

由於歐盟的 27 個會員國的政治結構各異等因素，對於再生能源及其研發仍未有統一的發展方向與策略，除了在各會員國有自己的研發與市場應用計畫，歐盟自 1980 年的研究架構計畫 (Research Framework Programmes) 開始，也有許多研究與驗證的相關計畫。雖然歐盟的計畫預算沒有各國來得高，但對於創造歐盟太陽光電研究區域則是扮演了核心的角色。歐盟執委會的諸多研發活動是由一個為期四年的架構計畫所統合而成，即 FP，最早在 1980 年就有太陽光電的研究計畫，FP4 的架構計畫預算總計為 8 千 4 百萬歐元，由 85 個計畫所組成。而在 FP5 中，預算則增加至 1 億 2 千萬歐元，且由 40 個驗證計畫（5 千 4 百萬歐元）與

62 個研究計畫（6 千 6 百萬歐元）所構成。

而在 FP6 中，預算共 8 億 1 千萬的「永續能源系統」主題計畫被分為短期及中長期的研究期程，當然也包括了太陽光電在內，專為太陽光電構築的預算則仍未出現。另外，2003 年 3 月，確定了相關的計畫需求，在 2003 年及 2004 年分別有許多成功的計畫開始執行。之前也有 8 百 20 萬歐元用於三個「短期到中期」的計畫當中。這些永續能源系統預算當中有關太陽光電的，就占了所有（永續能源）預算的 13.3%，第二次的計畫需求也在 2004 年 12 月確定，有五個提案成功獲選，但當時這些計畫案的契約協調仍還在進行中。這些計畫分以主題可區分為下列數種：

- 矽晶圓片太陽能電池計畫：CRYSTAL CLEAR、BITHINK、SISI、UPSSIM 等。
- 薄膜計畫：ATHLET、BIPV-CIS、FLEXCELLENCE、LACIS、LPAMS 等
- 新觀念：FULL SPECTRUM、HICONPV、MOLYCELL、NANOPHOTO、WELLBUS 等。
- 規範前置計畫：PERFORMANCE。
- 創新大型工廠計畫：PV-MIPS、SOLAR PLOTS 等。
- 太陽光電整合：PV EMPLOYMENT、SOS-PVI、UPP-Sol 等。
- 教育訓練、佈署協調計畫：PV-CATAPULT、PV-SEC、PV-ERA-NET、SUNRISE 等。

除了以上這些技術導向的研究計畫，另外也有像是居禮夫人

協會 (Marie Curie Fellowships) 及「智能型能源歐洲」 (Intelligent Energy-Europe Programme, IEE Programme) 等計畫正在執行中，而由歐洲執委會能源與運輸部所指導的 CONCERTO 計畫也是其中之一，該計畫強調必須為歐洲能源需求建立一個更為永續的未來。

IEE 計畫是歐盟執委會下設的計畫案，該計畫主要的研究範圍是針對一些能源效率與再生能源的非技術性問題，提供解決方案，該計畫在 2003 年 6 月公布，生效期間自 2003 年至 2006 年為止。在首次的計畫召集中，太陽光電就被列為是再生能源電力的重要問題。而有關太陽光電的主要提案則是有關在 RES-E 指令的要求下，對市場障礙提供解決之道，其他如太陽光電相關主體間的知識意見之交換、協調，也是需要解決的困難。與此有關的計畫名為「太陽光電政策研究小組」 (PV Policy Group)，該計畫由歐盟各國政府及太陽光電產業協會所共同主持，並且目前已發表了一篇名為「歐洲最佳實踐」的報告，相關資訊可由該計畫網站中查詢，而計畫協調者由德國能源部擔任，預算共541000歐元。

而在 IEE 計畫的第二次計畫招集中，主要是處裡有關小型再生能源系統的問題，像是賣給終端客戶及住戶的太陽光電系統產品。相關的計畫定名為「太陽光電升級」 (PV-UP-SCALE)，重點在於如何提升都會區網格連結太陽光電系統的市場範圍，將原本的小規模運用情形提升至大規模。該計畫關注以下四部分：都市計畫、網格連結、經濟誘因及目標資訊及配置。本計畫協調者為來自荷蘭的 ECN 公司，歐盟預算共 548000 歐元。

IEE 第三及第四的計畫招集目的，則除了以上問題外，也同時需解決太陽光電電力使用的市場障礙，另外，歐盟執委會在此次的招集活動中，也強調了需要一次性且有效的市場障礙解決方案，尤其是供應鏈中的許多市場因素，此次的目標也就是要加速太陽光電系統市場的快速成長。有關計畫像是：PURE（由西班牙 Robotiker-Tecnalia 協調）及 deSOLaSOL（由西班牙 Fundacion Ecologia y Desarrollo 擔任協調者角色）等計畫。

其他與 IEE 有關的計畫，如：COOPENER 計畫，主要是為了加強貧窮地區的電力服務及能源發展，尤其是一些開發中國家的偏遠地區。

隨著 FP6 計畫的結束，FP7 的技術研發計畫也同樣包含了相當廣泛的研究領域，該計畫期間為 2007 年到 2013 年，計畫招集則從 2007 年 3 月 3 日及 2007 年 6 月 28 日分別開始，且由歐盟執委會研發部 (DG-RTD) 及能源運輸部 (DG-TREN) 分別負責計畫管理的工作。第七期科研架構計畫針對太陽光電的研發工作目標主要為降低太陽光電成本，且包括設備製程、標準化、建材等技術研發及驗證工作，長遠的目標則是發展新世代的太陽光電策略，其中當然也包含高效率且低成本的太陽光電發展路徑，這也考量到由歐洲太陽光電技術平台所設定「策略研究期程」的具體內容，成本目標則設定在 2020 年達成 0.10-0.25€/kWh，當然也不可以忽略環境問題，並且研發更佳環保的製程技術，歐盟第七期科研架構計畫所顯列的計畫分類，如（圖 4-1）所示：

以下就按照各類分類，對第七期科研架構計畫各個太陽光電計畫進行介紹。

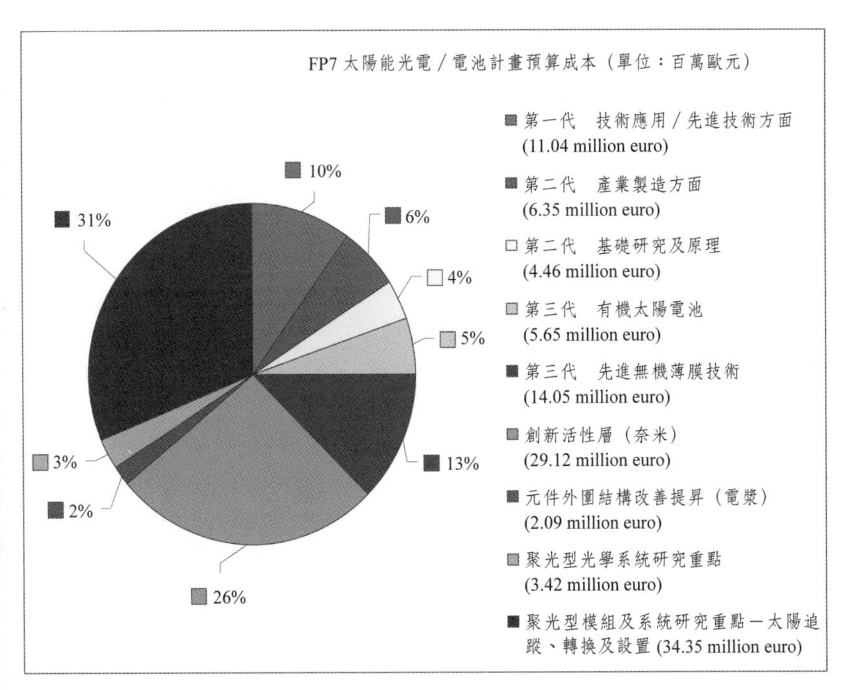

資料來源：European Commission / FP7，本研究自行整理。

圖 4-1

FP7 太陽光電／電池計劃預算成本（單位：百萬歐元）

4.3.1 第一代技術應用／先進技術方面 (11.04 million euro)

Heterojunction Solar Cells（**異質接面非晶矽、晶矽太陽能電池**）：計畫是降低第一代矽晶圓物料的消耗，太陽能電池效率的提升以及模組的整合，為了達成上述目標，矽晶異質接面太陽能電池的低溫成長率特性，無疑是最佳的選擇。

SOLASYS（**下一代太陽能電池和模組雷射製程系統**）：新的雷射彈性製造過程，將會實現更高的生產力，對太陽電池和模組的高效能展現更好的生產成本，在雷射製造商、系統供應商、研究單位和終端使用者內，透過此雷射研究計畫將可以實現更高品質，並且提升現有和未來的光電製造過程。

4.3.2 第二代產業製造方面 (6.35 million euro)

ULTIMATE（**超薄太陽能電池的模組－穩固與效率**）：計畫主要目標是發展比現今更薄的第二代太陽能電池模組，太陽能電池厚度從基本的 200-250μm 減少到 100μm，在 2010 年降低 120μm 的截口損失 (kerf loss)，這將可以減少每一矽晶塊上，一半以上的晶圓使用，此外，應用先進的太陽能電池元件結構和模組聯結科技，將可提升單晶和多晶薄膜太陽能電池的平均效能，最高可分別達到 19% 和

17.2%。

4.3.3 第二代基礎研究及原理 (4.46 million euro)

HIGH-EF（**以新穎組合的眞空雷射和固相結晶製程，發展大晶粒、低壓多矽晶薄膜玻璃太陽能電池**）：HIGH-EF 可提供一種特殊的製程，其效能可以突破 10% 以上，而這個製程式根據一種結晶組合過程，這將會是在矽晶薄膜玻璃太陽能電池的固相結晶製程中一個重大的突破。

4.3.4 第三代有機太陽電池 (5.65 million euro)

ROBUST DSC（**染料敏化太陽電池／模組、效率研究**）：發展使用期較長的染料敏化太陽電池 (DSC) 以及提升模組效率至 7%。計畫的主要成員包括了兩家中小企業 (Orionsolar and G24i) 都致力於大量生產 DSC，一個有無機玻璃應用經驗的產業 (Corning)，三個研究機構 (ECN、IVF、FISE)，以及四個學術夥伴，將在新原料和概念，基礎研究上成為領先地位。

DEPHOTEX（**新型纖維的太陽能紡織品發展**）：研究和發展紡織太陽能電池以取得新型纖維的太陽能紡織品，將太陽輻射轉變為能源，由於彈性和紡織太陽能電池的發展，將可以在消費者端產生多樣的應用；例如家庭紡織品、運動、休閒、衣服和汽車產業上。

HIGH-VOLTAGE PV（**第三代太陽電池應用高壓太陽能電池的新原料**）：研究與檢視已應用與未發展的太陽能電池原料，透過新原料的研究，期望發展更便宜的矽晶科技和發展低成本的大規模生產力。

LIFORGANICPV（**有機太陽能電池的無機－有機表面結構研究－有機陰極表面的低插力**）：目的是了解太陽能電池效能中結構的角色，掌控這種結構以製造能改善效能的設備。

PLANTPOWER（**植物能量－現有植物的微生物燃料電池、乾淨、再生、永續、效率的生質能產物**）：微生物燃料電池比起傳統的生質能系統可能還要高出五倍的效能，而計畫是想要證明歐洲自己有可能發展有效率的生質燃料和生物電流成果，並且預期未來植物微生物燃料電池將佔新能源中的 20%。

PORASOLAR（**有機光電元件**）：發展新穎的 porphyrin-based 有機補光原料，展現良好的溶解性，物理和電氣化學特性還有光轉換效能，追求穩定的有機太陽能電池製造，高達 5% 的效能轉換。

4.3.5 第三代先進無機薄膜技術 (14.05 million euro)

IBPOWER（**中間夾層之材料及電池應用高效能低成本的光電技術**）：透過集中陽光的使用以達成「成本競爭目標」

和「低成本原物料」兩種因素，依據四種策略追求中間夾層之材料及電池的製造。

ROD-SOL（**全無機奈米線薄膜玻璃太陽能電池**）：主要研究目標是利用新興的奈米材料，以大幅度提升太陽能電池的效率，利用奈米線結構的研發來降低補光的成本。

4.3.6 創新活性層（奈米）(29.12 million euro)

COST-EFFECTIVE（**高層建築中，再生能源的資源和成本效益整合**）：今日太陽光電系統在建築物的使用主要是在熱水和家庭式房子的應用，此計畫是為了發展適合更大的建築物應用，新的原料將會直接得利於來自奈米結構塗層，而薄膜也會因此增強。

SOLARPAT（**自我組織奈米的聚合物太陽能電池**）：發展新型和可實行的太陽能結構，也就是自我組合和光誘導的奈米結構，以改進設備製造、建造和運作，在這研究計畫中將會著重在穩定的異質接面聚合物太陽能電池上，然而研究過程中，仍然會和其他薄膜太陽能電池有相關性，並且對未來奈米製造過程或是奈米結晶方法有所貢獻。

AMON-RA（**太陽能電池結構、原料和單維度奈米線的研究和應用**）：結合矽晶太陽能電池科技中異質接面 (hetero-) 和奈米 (nano-) 的結構，以研發新型態的太陽能電池，除了能夠生產相對便宜的電池之外，並且為了未來的工業化和擴大規模上，也能夠提升系統上太陽能電池的設計。

N2P（**三維度奈米結構表面大氣壓力等離子過程的彈性生產科技和設備**）：計畫發展大氣壓力表面的創新同軸高生產率科技和等離子科技，對太陽能電池表面結構的影響，奈米結構表面可提高效能高達 25%，在商業能見度上產生戲劇性的影響。

4.3.7 元件外圍結構改善提升（電漿）(2.09 million euro)

SOLAMON（**電漿 (Plasmon) 產生奈米級複合材料應用於第三代太陽能電池**）：研發電漿產生奈米級複合材料技術，為高效率低成本的第三代太陽能電池做準備，計畫將為薄膜太陽能電池增加 20% 的效能。

4.3.8 聚光型光學系統研究重點 (3.42 million euro)

EPHOCELL/Efficient photovoltaic cells（**太陽能電池效能強化的自動集光系統**）：計畫的主要目標是分子間能源轉換的研究，以合適的分子系統方法，達成太陽能頻譜的修正，透過分子的研究可以產生合適的能源串聯，提升效能和化學穩定性。

4.3.9 聚光型模組及系統研究重點－太陽追蹤、轉換及設置 (34.35 million euro)

ASPIS（**主動式太陽能板**）：發展一種新的跨學科的光電科技，這將會符合及超越歐盟光電策略研究期程規劃 2015 年的預算目標。計畫將確認具成本效益的製造科技與研發，並且在歐盟製造商內傳遞相關知識，新的追蹤科技概念將減少十倍的多晶矽原料，比起傳統的太陽光電模組，新主動式太陽能板可減少高達 3 倍的成本。

APOLLON（**複合式高效能整合、智能性聚光型太陽能模組**）：提升聚光型太陽能系統 (CPV) 效能、確保可靠性、降低成本和環境衝擊。

NACIR（**高聚光型太陽電池系統 (CPV) 的新應用：快速改進可靠性和科技過程**）：強化太陽光電集中儲存國際合作計畫，藉由加速 CPV 追求的學習曲線，改進產業專利的科技，以達到競爭市場，並在 3-4 年內降低現今的成本。

第七期科研架構計畫第二次的計畫招集自 2008 年 9 月 3 日展開。且該次計畫招集到的提案可分為以下幾項主題：

- 薄膜太陽光電的材料及效率：沉澱、透明導電膜 (TCO)、聚光技術等材料研發問題。此項主題特別提到應重視中小型企業及華人的參與及交流。
- 薄膜太陽光電的製造：品質保證、在線監控技術、製造的整合及自動化、以製程方法減少生產成本及提升效率。

‧來自各界與太陽光電相關的意見交流與協調：由於先前所建立的太陽光電技術平台，本主題強調的是要以行政活動與交流活動兩方面著手。行政活動上必須重視太陽光電相關會議、工作小組及其他組織間的整合與管理，交流活動則是加強平台內外的資訊交流。本主題的宗旨也就是要進一步深化各組織成員的交流與協商機制。

另外在 2007 年 11 月 22 日歐盟也進一步為「歐洲策略能源技術計畫」(SET-PLAN)，主要目標是加強歐洲發展先進環保技術的腳步。而太陽光電也在當中被確認為是一項關鍵技術，該計畫中有關太陽光電的部分，經過於 2008 年 9 月 25 日在布魯塞爾召開的會議討論後，認為所有的主題應以產業發展為前提，且由產業及學界分別主導不同的議題，而這種不同的議題再區分為短期及中長期的研究議題。以下次分為：

‧由產業主導的主題：技術升級、商業化技術的成本減少（包括：模組、BOS、蓄電），材料取得。

‧由學界主導的主題：網格整合、智慧型網格、基礎材料研究、基礎新製程（此部分也與公用事業合作）。

其實，SET-PLAN 的研究主題仍尚未完成，值得注意的是，一些促進環保減碳的能源政策架構也同時展現在 SET-PLAN 當中，其也強調以下必須的要素：

‧再生能源技術的相互合作

‧公用事業與網格操作者的互動交流

・外部成本內部化
・能源市場的自由化
・公開且透明的費率結構

中國深圳市筆架山公園太陽能燈光工程

4.4 第七期科研架構計畫與太陽光電策略研究期程之整合

要綜觀歐盟的太陽光電研究方向，可以將歐盟太陽光電策略研究期程和第七期科研架構計畫分別以經緯來對照。太陽光電策略研發期程是策略性研究期程 Strategic Research Agenda 的縮寫，顧名思義，是一個技術的指標性目標，而第七期科研架構計畫則是實際進行的計畫項目，兩者的比較可以得到歐盟太陽光電研究的策略方向。

首先由太陽光電策略研發期程所定的矽晶圓片研究期程大致上有兩項研究相關，第七期科研架構計畫的 Heterojunction Solar Cells（異質接面非晶矽、晶矽太陽能電池）：計畫是降低第一代矽晶圓物料的消耗，太陽能電池效率的提升以及模組的整合，為了達成上述目標，矽晶異質接面太陽能電池的低溫成長率特性，屬於太陽光電策略研發期程改良矽晶生成、結晶製造上目標的計畫。而 SOLASYS（下一代太陽能電池和模組雷射製程系統）：新的雷射彈性製造過程，將會實現更高的生產力，對太陽電池和模組的高效能展現更好的生產成本，從晶元片開始到太陽電池整個製程的雷射技術，都有改善。

太陽光電策略研發期程的電池模組技術期程方面大致上有三項相關，像是 ULTIMATE（超薄太陽能電池的模組－穩固與效率）：計畫主要目標是發展比現今更薄的第二代太陽能電池模組，太陽能電池厚度從基本的 200-250μm 減少到 100μm，在 2010 年降低 120μm 的截口損失 (kerf loss)，這將可以減少每一矽晶塊上，一半以上的晶圓使用，此外，應用先進的太陽能電池元件結構和模組聯結科技，將可提升單晶和多晶薄膜太陽能電池的平均效能，最高可分別達到 19% 和 17.2%，就是在追趕太陽光電策略研發期程鎖定的模組 2013-2020 年的目標，IBPOWER（中間夾層之材料及電池應用高效能低成本的光電技術），也可歸為太陽電池與模組的技術突破。AMON-RA（太陽能電池結構、原料和單維度奈米線的研究和應用）：結合矽晶太陽能電池科技中異質接面 (hetero-) 和奈米 (nano-) 的結構，以研發新型態的太陽能電池。N2P（三維度奈米結構表面大氣壓力等離子過程的彈性生產科技和設備）：計畫發展大氣壓力表面的創新同軸高生產率科技和等離子科技，對太陽能電池表面結構的影響，奈米結構表面可提高效能高達 25%。

太陽光電策略研發期程的薄膜技術目標，第七期科研架構計畫有機薄膜的研究總共相關有四項，LIFORGANICPV（有機太陽能電池的無機－有機表面結構研究－有機陰極表面的低插力），PLANTPOWER（植物能量－現有植物的微生物燃料電池、乾淨、再生、永續、效率的生質能產物）：微生物燃料電池比起傳統的生質能系統可能還要高出五倍的效能，預期未來植物微生物燃料電池將佔新能源中的 20%。PORASOLAR（有機光電元件）：發展新穎的 porphyrin-based 有機補光原料，展現良好的溶解性，物理和電氣化學特性還有光轉換效能，追求穩定的有機太陽能電池製造，高達 5% 的效能轉換。ROBUST DSC（染料敏化太陽電池／模組、效率研究）：發展使用期較長的染料敏化太陽電池 (DSC) 以及提升模組效率至 7%。

無機薄膜上的研究相關也有四項，HIGH-VOLTAGE PV（第三代太陽電池應用高壓太陽能電池的新原料）：研究與檢視已應用與未發展的太陽能電池原料，IBPOWER（中間夾層之材料及電池應用高效能低成本的光電技術），ROD-SOL（全無機奈米線薄膜玻璃太陽能電池）：主要研究目標是利用新興的奈米材料，以大幅度提升太陽能電池的效率，利用奈米線結構的研發來降低補光的成本。

太陽光電策略研發期程的矽薄膜發展目標，第七期科研架構計畫在前面已經提到的 AMON-RA（太陽能電池結構、原料和單維度奈米線的研究和應用）和N2P（三維度奈米結構表面大氣壓力等離子過程的彈性生產科技和設備）兩項計畫，都有幫助。

太陽光電策略研發期程一項重點的創新奈米技術的運用，第七期科研架構計畫也相當重視這一點，DEPHOTEX（新型纖維的太陽能紡織品發展）：研究和發展紡織太陽能電池以取得新型纖維的太陽能紡織品，將太陽輻射轉變為能源。SOLARPAT（自我組織奈米的聚合物太陽能電池）：發展新型和可實行的太陽能結構，也就是自我組合和光誘導的奈米結構。AMON-RA（太陽能電池結構、原料和單維度奈米線的研究和應用）。N2P（三維度奈米結構表面大氣壓力等離子過程的彈性生產科技和設備）。

太陽光電策略研發期程另有一項技術重點，是大量規劃了 CPV 的期程，舉凡：以合適的分子系統方法，達成太陽能頻譜的修正，提升效能和化學穩定性的 EPHOCELL /Efficient photovoltaic cells（太陽能電池效能強化的自動集光系統），ASPIS（主動式太陽能板）：發展一種新的跨學科的光電科技，減少十倍的多晶矽原料，APOLLON（複合式高效能整合、智能性聚光型太陽能模組），NACIR（高聚光型太陽電池系統 (CPV) 的新應用：快速改進可靠性和科技過程），都和 CPV 在太陽光電策略研發期程的期程目標有關。

歐盟廠商實際擁有的技術優勢方面，德國 Wacker、挪威的 REC 是世界七大矽原料生產廠商，這七個矽原料廠目前寡佔全球的矽原料生產佔全球約 80%，歐盟的這兩大廠無論在產量和技術上都佔有優勢地位。

德國的 Q-Cell 除了是德國太陽光電第一大廠，他的太陽光電事業版圖，佈局從 Polysilicon 到 System 完整的產業鍊；因為結晶矽第一代電池的技術學習曲線已經趨於平緩，因此目前發展即是在生產過程的改進，預估到 2010 年，在生產過程的效率上，不斷精進，目前他在 Wafer 的技術上已經達到 70μm，較傳統增加了 10～15% 產能，而且可以節省 15% 的成本，事實上這樣的目標已經達到太陽光電策略研發期程相關計畫以及第七期科研架構計畫的技術發展水準，另外 Q-Cell 在太陽電池方面也要在 2010 年達到節省成本 7% 的目標（藍崇文，2009）。

德國、美國皆有生產基地的 SolarWorld 其太陽能多晶矽純度為 99.999999%，6 吋多晶矽表面粗化太陽電池效厚度也已達高度水準，太陽電池轉換效率在 13.4 到 16.3% 之間；生產技術改良方面，SolarWorld 也加強對於太陽能矽晶圓生產技術的革新，並密切與 Technical University and Mining Academy of Freiberg 進行產學合作，研發更高品質的薄形化太陽能矽晶圓產品(PIDA，2008)[9]。

First Solar 德國廠以其 CdTe 的製造與回收技術，把 CdTe 的量產規模提高到佔有世界薄膜太陽電池 47%，也佔有世界太陽電池市場的 4.7%，而且其成本效益已經來到 0.98 美元／瓦，Q-Cell 子公司 Calyxo 擁有的技術尚未能夠量產 CdTe 太陽電池，目前世界並無公司的 CdTe 生產技術能與 First Solar 相比。First Solar 成功的模式之一，在於透過成立獨立基金會的方式，建立產品完整的回收機制，讓使用者得到較多的安全保障（王孟傑，2009）。

Avnacis 在 CIGS 薄膜太陽電池技術是世界領先的，由德國 Shell 及 Saint Gobain Glass 兩家公司共同籌組而成，由於 Shell 公司及 Saint Bobain Glass 公司本身分別具有 CIGS 及玻璃基板的生產能力，因此 Avancis 在 CIGS 薄膜電池的量產及技術上都得到了母公司的強大技術支援，Avancis 採用的是濺鍍製程，並運用快速熱處理技術，以提高生產速度及產量，更能製造高品質的薄膜電池，而德國擁有最高 CIGS 轉換效率的則是 Wurth Solar 的 11.5%，但是在產能規劃上則是德、美都有生產的 Nanosolar 最為明顯，但是距離太陽光電策略研發期程所訂定的 2013 年 16% 的目標尚有一段差距。

德國 Concentrix Solar 已運用 Fresnel 透鏡推出了聚光型太陽能發電模組 FLATCON，能夠有效提升其轉換效率達到 23%，未來經改良後甚至可以達到 28% 的效率，可望達到太陽光電策略研發期程的技術目標 25% 轉換效率（李雯雯，2008）。

Concentrix Solar 公司目前使用 385 倍光強的 Ⅲ-Ⅴ 族

(GaInP/GaInAs/Ge) 聚光電池模組 FLATCON，為包括西班牙在內的太陽能電廠建立聚光型系統，根據其推算，若使用 500 倍光強的模組建造 20MW 的聚光型太陽光電系統[10]，到了 2010 年成本就可以降低到 2.38 歐元/Wp。

綜觀太陽光電策略研發期程和第七期科研架構計畫所涵蓋的歐盟太陽光電產業研發鳥瞰，歐盟研究重點涵蓋層面相當廣，而且涉及技術都是極為未來性的創新技術，這也證明他已經在目前生產技術根基上的穩固與全面性，而有三個相當創新的方向，也是台灣尚為積極投入的，是特別要注意的，首先就是有機太陽電池，這個部分在面版產業上就屬於創新研發領域，極具開創性，但是研發成本高，基礎科學密度大，台灣在研發上的確有其困難性；另外是奈米科技運用在太陽光電上的研究，台灣雖然在各領域的奈米科技研究都有涉入，但歐盟運用在太陽光電科技上，特別在提升轉換效率的表面技術開發上，特別佔據領先地位，還有 CPV 聚光型的研究，這部分整合了自動控制的系統端科技，台灣其實在自動控制研發技術上並不弱勢，但如何整合進太陽電池模組，整體性研發，以致於在 CPV 技術有所領先，這是台灣要思考的課題。

另外從歐盟幾個太陽光電大廠 (Big Player) 的鳥瞰可以發現，這些大廠的研發投資能力，垂直整合能力都很強，技術水準都達到太陽光電策略研發期程／第七期科研架構計畫所設定 2013 年的目標（除了 CIGS 目前尚未達到），另一方面，歐盟的大廠都有跨國生產佈局的現象，尤其一線大廠通常在美國、德國都有生產基地。

1 本段（4.1.1）技術面之描述比較，是綜合專家訪談。
2 本段（4.1.2）技術面之描述比較，是經由綜合訪談而分析。
3 目前，PV-ERA-NET 由德國北萊茵西伐利亞邦 Julich 研究中心之能源、科技與永續發展研究計劃管理處 (FZJ-ETN) 作為主要的協調者，其針對來自不同國家 20 個研究計畫之組織層級、研究計畫內容設定、研究課題與研究優先性進行統合。而除了德國本身作為歐盟及全球太陽光電技術及市場的領先者，積極的投入此研究區域網絡達四個之外，其他參與的國家包括法國、丹麥、瑞士、英國、西班牙、波蘭、瑞典、荷蘭、奧地利、希臘、比利時等。其中，在研究潛力上由國家大力推動太陽光電技術並和德國一樣積極的主要為法國，而瑞典主要則在於太陽光電與建築的整合系統上進行努力。參見劉華美 (2009)，簡介歐盟 PV-ERA-NET 與第 7 期科技研發綱要計畫 (FP7) 之關係，能源報導 2009 年 6 月號。
4 參照 PV-TRAC (2006)。
5 這個主要驅動研究及技術發展 (RTD) 並協調整合在不同國家或區域的的太陽光電平台，成立於 2004 年 10 月，及至目前有來自歐盟境內 12 個國家的 20 個參與者，其中國家級的研究計畫案有 20 個，地區性的則有 2 個。其整體目標在於利用歐洲各國間的研究計畫之整合與協調，來加強歐洲在太陽光電技術的領先地位，以達成一致性、創新及經濟成長等長期遠景。這個整合太陽光電研究及技術發展的網絡，不僅能強化單一的計畫及其相互間的連結，甚至是延伸到與產業、歐盟內各種研究計畫與組織的聯結。參照劉華美 (2009)，簡介歐盟 PV-ERA-NET 與第 7 期科技研發綱要計畫 (FP7) 之關係，能源報導 2009 年六月號。
6 歐盟「太陽光電策略性研究期程」 (SRA) 乃由太陽光電研究區域網絡 (PV-ERA-NET) 在 2007 年第二十二屆歐洲太陽光電能源會議 (22nd European Photovoltaic Solar Energy Conference and Exhibition) 所提出研發太陽光電能源技術重要的策略研發方向 (A Strategic Research Agenda for Photovoltaic Solar Energy Technology)，為目前歐盟第七期科研架構計畫 (FP7) 重要的指導原則。
7 Sinke, W.C. & C. Ballif, A. Bett, et. Al (2007) .A Strategic Research Agenda for

Photovoltaic Solar Energy Technology.22nd European Photovoltaic Solar Energy Conference and Exhibition. Retrieved April 1,2009 from the World Wide Web: http://cordis.europa.eu/technology-platforms/pdf/photovoltaics.pdf

8 專家訪談意見。

9 參照光電科技工業協進會，2008 太陽光電市場與產業技術年鑑，2008 年 5 月，第 3 章：全球 PV 產業分析，頁 40-41。

10 李雯雯，聚光型太陽光電技術發展概況，工業技術研究院 (IEK)，2008 年 5 月 28 日。

台灣與歐盟太陽光電發展之競合策略分析

5.1 台灣研發面向、技術優勢及弱勢

5.1.1 台灣研發面向（工研院）概述

根據工研院太陽光電中心對外公開的技術資訊[1]，目前矽晶太陽電池預計 2010 年的多晶效率要達到可量產的 18%，使用較低成本之矽晶片材料與利用簡單可量產的製程技術，來製作低成本、高效率的單晶矽太陽電池。電池結構和製程簡單可適合大量生產，可運用於一般消費性電子產品之電源或發電系統上。

矽薄膜太陽電池則預計於 2010 年達到 14% 的轉換效率，重點在高鍍率製程與設備開發降低成本，和改進光學管理技術，第一階段是，建立領導型微結晶矽技術與專利，掌握競爭利基，第二階段為整合國內設備廠商，建立自製的 TURNKEY 生產線，第三階段是國內玻璃基版與封裝材料導入驗證，太陽光電玻璃帷幕型結構建材認證與設計規範。

工研院也投入 DSSC 的關鍵材料製備技術：多孔性 TiO2 奈

米晶體電極薄膜，有機光敏染料分子，電解質材料與對極薄膜，並完成開發 20cm×20cm、光電轉換效率 8% 之電池模版。

工研院也在 CIGS 電池印刷製程技術投入，主要在開發飛真空製程的技術，奈米印刷製程和新原件結構，建立關鍵專利。

工研院機械所具有可應用於單／多晶矽及非晶矽太陽電池的 PECVD 鍍膜「太陽能電池高密度電漿鍍膜設備」，以及可應用在高速、大面積、高均勻性的非晶矽／微晶矽薄膜太陽電池鍍膜的超高頻電漿輔助化學氣相沈積設備（陳婉如，2008 光連，76）。

在模組封裝的運用上，開發高效率模組封裝技術，降低模組封裝之效率損失。建立我國太陽能光電模組檢測驗證實驗室，推動國際認證制度，協助模組廠商取得太陽光電產品之認證。

5.1.2　台灣一些廠商的研發

台灣在 2008 年一些廠商的太陽光電的技術如下介紹（陳婉如，2008）：

原件製造方面，有太陽光電公司展示了 5 吋單晶矽太陽電池和 6 吋多晶矽太陽電池，並將厚度從 220μm 減低到 150μm，已經達到歐盟太陽光電策略研發期程在 2013 年的技術目標；頂晶科技具有 TUV, IEC61215, CE 認證的 170W、220W、和 BIPV太陽能電池模組技術；雄雞則具有封裝方式不同於標準平版式的弧面太陽電池模組「Puzzle305」，相當適合運用於 BIPV 上。禧通則製造轉換效率 25% 以上的砷化鎵 (GaAs) 太陽電池，樂福的彩色太陽能電池技術是傳統太陽電池的 98%，比競爭者高出 30% (PIDA，2008)。

台灣華旭環能已在砷化鎵技術上，產出轉換效率 22% 的 HCPV 模組，利用 Fresnel Lens 集光在電池上，集光倍率達到 476 倍，已於 2007 年獲得研究機構 ISFOC 1.3MW CPV 系統的訂單，集光倍數已經超過德國 Concentrix Solar 公司目前使用 385 倍光強的 Ⅲ-Ⅴ 族 (GaInP/GaInAs/Ge)，不過在模組上 Concentrix Solar 目前擁有 23%～25% 的轉換效率技術是略勝一籌（李雯雯，2008）。

設備零件材料方面，國碩科技研發製造太陽能導電膠、鋁膠、銀鋁膠、銀膠、鋁膠適用於未來 150μm 薄晶元的製造趨勢。迪斯派奇 2008 年有兩款太陽電池製程設備，包括 In-line 擴散系統 (1,250～1,450 Wafers/hr) 及高溫紅外線乾燥／燒結爐，飛斯妥展出太陽能矽晶圓、太陽電池及玻璃基版的輸送移載及晶元品質檢測系統。洋博科技則開發玻璃基板磨邊後及鍍膜前的太陽能玻璃清洗機，勤友科技具有技術，為高效率薄膜太陽電池整廠輸出設備解決方案，可製作非晶矽薄膜太陽電池，及 NC-Si Si：H 結構的高轉換效率薄膜太陽電池（陳婉如，2008）。

聚昌科技開發新一代長晶爐，可使產量提高 22～24% 的一次成晶，120Kg 晶棒，並省電 20%，矽碁科技則具備 In-Line PVD 系統，可應用在 CIGS 太陽電池濺鍍製程上，較進口成本低 50%。

5.1.3 台灣技術優勢

台灣的 PC 產業打造出完整的產業供應鍊（藍崇文，2009），各種零件、設計、代工這樣的發展模式，將來有機會在太陽能產業重現；整個太陽光電產業鍊，上中下游的「原料」都不是台灣的強項，但是核心技術根植台灣，就可以產生成本優勢。

台灣的技術面只有幾個特殊的點期待突破，普遍都是只有跟進德國、日本、美國技術，或是 Turn Key 技術，有較為突出技術的也是與國外合作，例如：目前較特殊的技術能力的是茂迪與美國 NREL 同步的非晶矽技術；另外，建築物結合的太陽電池(Building-Integrated Photovoltaic, BIPV)，台灣在這個方面有特殊領先技術，是樂福太陽能專利技術生產的彩色太陽能電池，樂福公司已經與德國太陽 能電池設備製造商 Centrotherm 簽約合作，年底機器設備抵台之後，明年初將開始量產全球獨門的彩色太陽能電池。

據工研院量測報告指出，其彩色太陽電池，效率影響被控制在標稱值之 2% 內，即不低於傳統太陽能電池轉換效率之 98%，這是目前全球最高效率的彩色太陽能電池，能源轉換效率比任何競爭者高 30%，可說是台灣太陽能電池研發的強項。並創下世界最高短路電流記錄之改良式漸變結構太陽能電池 (Modified Grating Solar Cell)，挑戰轉換效率 21% 的終極目標。轉換效率的提升除了讓樂福得以持續跨越歐美市場未來可能逐漸提高的效率門檻，每年增加 1% 能源轉換率更讓樂福的製造成本以每年 7% 的幅度遞減。

台灣在砷化鎵 (GaAs) 太陽電池上也有生產技術的突破，禧通製造轉換效率 25% 以上的砷化鎵 (GaAs) 太陽電池，台灣華旭環能產出轉換效率 22% 的HCPV (GaAs) 模組，利用 Fresnel Lens 集光在電池上，集光倍率達到 476 倍，已於 2007 年獲得研究機構 ISFOC 1.3MW CPV 系統的訂單。

綜觀台灣的太陽光電技術，就「生產技術」而言，第一代結晶矽太陽電池生產學習曲線已經成熟，主要由晶圓、半導體產業以具有的生產技術移植，第二代薄膜電池，以非矽薄膜技術較具規模，但是擁有 TFT 技術背景投入薄膜太陽電池對設備進行升級是主要關線，台灣目前具有非矽薄膜技術的廠商有大豐、綠能、連相、旭能、富陽、大億、宇通、奇美、金笙、威奈、八陽 (PIDA, 2008)，微晶矽與化合薄膜就缺乏。

「研發技術」層面，工研院領銜結晶矽的奈米鍍膜技術、反應是電漿技術，改進電池效率 1～2%。薄膜的技術微晶矽達到 14%，DSSC 以及 CIGS 都在研發以及建立關鍵專利階段，尚未有關鍵性的重大突破。

「設備技術」方面，我國完整的 PC 產業鍊中，和太陽光電直接相關的是面版產業的轉型移植，以太陽電池生產設備為例：均豪精密的生產線整體設備、志聖工業的爐管、真空電漿、凡宣系統的 PECVD、東捷科技 CVD、真空濺鍍、雷射、日揚科技的真空設備、PECVD、聚昌科技真空設備等。

矽晶元技術方面 (PIDA, 2008)，以中美晶、合晶、綠能為主，以 Turn Key 引進西門子法技術，茂迪預計在 2009 開始流體床反應爐法，太陽光電公司預計採用探還原法，但是尚未量產。

富陽光電的自製透明導電膜玻璃基版，具有矽薄膜技術目前止能製造單層與雙層，尚無三層之技術。

目前太陽能電池晶片市場，仍以矽為主要原物料，矽基材太陽能電池可分為非晶、單晶及多晶三種。由於單晶矽與多晶矽太陽電池皆使用矽晶圓為基材，晶圓材料常面臨缺貨的困優，目前市場上所使用的矽晶片價格偏高，因此研發重點著重於降低矽晶片成本、提高單晶矽與多晶矽太陽電池效率以及半導體薄膜技術之研發。[2]

化合薄膜方面，CIGS 只有錸德、綠陽、亞化、川飛、旭陽數家公司宣稱擁有技術，以綠陽較具投資規模，達到 4.16 億元，DSSC 長興化工擁有技術，其中 CIGS 在生產成本和效率上最近全球技術多有突破，應該加以開發。

一般使用的發電系統以及消費性電子產品，皆以矽材料太陽電池為主，以至於當太陽光電市場快速成長，對矽材料需成上升時，面臨到矽材料缺貨的情形。由於矽材料供不應求，研發不同材料之太陽能電池與開發減少矽材料之技術是未來太陽電池技術發展的趨勢，新材料太陽電池以薄膜太陽電池最為看好具開發潛力，因其轉換效率高及穩定性佳，市場佔有率逐漸成長[3]。

台灣的主要太陽電池技術分佈可由（表 5-1）來看：

表 5-1　台灣具有預計量產之生產技術 (PIDA, 2009)

多晶矽	非晶矽薄膜	非／微晶矽薄膜	CIGS	DSSC	III-V Cell & Concentrators
茂迪 昱晶能源 新日光 益通 旺能 昇陽科 茂矽 太陽光電 科風 耀華 太極能源 旭弘全球 亞崙光能 樂福太陽能	大豐能源 綠能科技 連相光電 旭能光電 富陽光電 大億光電 宇通光能 奇美能源 鑫笙能源 威耐聯合 八陽光電	富陽光電 宇通光電 八陽光電	綠陽 錸德科技 新能 亞化 川飛	長興化工	華宇光能 全新光電 禧通光能

資料來源：(PIDA, 2009)

5.1.4　台灣技術弱勢

雖然 5.2.1 提到不少台灣研發技術上「點」的優勢，然而，從太陽電池技術第一代、第二代、第三代技術，或是生產技術面的從上游、中游、下游，都不具備較廣泛密集的競爭力，而許多點的突破又容易受限於德國等技術領先國家的專利的封鎖[4]，整體的技術呈現「追趕」的態勢，多數廠商願意以 Turn Key 方式轉移技術與設備，而「自行研發」上整體弱勢，目前只能期待點的突破。

表 5-2　我國與國際太陽電池技術水準比較[5]

技術項目	國內		國際	
	實驗室階段	量產上	實驗室階段	量產上
單晶矽太陽電池效率	20.51% 7.14cm² FZ 矽晶片 （工研院）	14.25～17.5% 125mm × 125mm or 156mm × 156mm	24.7% 4 cm² FZ 矽晶片 (UNSW)	15.7～20.3% 100mm × 100mm 三洋 HIT19.5% CZ 125mm × 125mm SunPower 21.8% FZ
多晶矽太陽電池效率	19.1% 7.14cm² 多晶片 （工研院）	13～16.5% 125mm × 125mm or 156mm × 156mm	20.3% 1.002cm² 多晶片 (FhG-ISE)	13.35～17.7%

資料來源：工研院太陽光電科技中心 (2007/10)

台灣太陽光電技術在矽晶太陽電池光電轉換效率仍有待加強，但是在量產方面，2007 年可量產之太陽電池效率在單晶矽為 14.25～17.5%，而在多晶矽方面之效率為 13～16.5%，與國際水準相比有些微差距，假以時日量產技術將追趕上國際水準。

目前太陽電池應用最為普遍的為單晶矽、多晶矽太陽電池。由於結晶矽太陽電池穩定性佳、轉換效率高等優勢，所以成長速度最快，技術也較為成熟。而化合物薄膜太陽電池雖具有低成本的潛力、易於大面積製造，但至今仍無法有效克服電池效率與穩定性的問題，仍無法影響矽晶太陽電池的地位。[6]一般太陽電池的發電效率在 5% 至 15% 之間，因此提升能源利用效率是最重要的課題之一。而台灣太陽光電產業鏈中最上游矽材是目前產業鏈中的瓶頸，由於矽材產業屬技術、資金門檻高、高耗能，因此可藉由政府吸引國外廠商來台設廠投資、政策補助產學研究機構以加速開發矽材技術等方法著手。[7]

表 5-3　太陽能電池技術發展之課題

	電池種類	技術課題
結晶矽太陽能電池	單晶矽、多晶矽太陽能電池	提升矽晶片品質與晶片厚度薄形化，目標 50～100μm。 改善電池結構，提升效率與降低成本，單晶矽光電轉換效率目標 20% 以上、多晶矽光電轉換效率目標 20%。
薄膜太陽能電池	薄膜非晶矽電池	開發大面積低成本製程技術、高穩定性、高轉換效率，以及強化在多樣應用面之發展策略。
	薄膜微晶矽電池	
	薄膜化合物 GdS、GdTe、CIS、CIGS 電池	
	染料敏化薄膜電池	提高轉換效率、大面積化

資料來源：楊俊英，我國太陽光電相關技術發展與系統應用，永續產業發展，2006/10，頁 25。

5.1.5 台灣製造優勢與終端產品設計製造 (end-user prospect)

台灣光電技術及研發，技術面的研發能力較弱，而 Turn-Key 的生產技術，因為立基過去穩固的半導體和面版產業上，所以有優勢的製造能力[8]，例如前面介紹過我國具有領先技術的樂福公司，背後勢力涵蓋茂德、晶采等「雙 D」業者，是台灣第一家結合兩兆產業作為後盾的太陽能電池廠。

台灣在 IC 設計上也有良好的基礎，由 MOEA 在 2007 年的圖表（圖 5-1）所示，我國在 IC 設計、DRAM、TFT 面版的生產上都居於全球領先地位，代表我國具備優秀的電子產業製造與設計能力，特別是 IC 設計，是台灣知識密集產業優勢的表現。

由於台灣資源缺乏，在太陽光電原料（矽材）和市場兩頭在外的情況下，特別需要發展終端產品設計製造 (end-user prospect)[9]。

一般來說，基礎科學後進追趕並不容易，太陽光電產業鍊需要基礎科學的開發能力部分，台灣儘管能有點的突破，例如工研院 PECVD 技術、CIGS 印刷製程等或是聚昌科技的長晶爐等，但是整體研發串連程度與技術深度，都難以和歐盟、美國、日本等先進國家批敵，也就是說，這些點的突破固然為台灣產生許多優「點」，但要形成優「勢」有其困難；終端產品設計製造 (end-user prospect) 例如手機、個人電腦的設計、組裝，一直是台灣的強項，而目前太陽光電應用的商品尚未廣泛成熟，例如小型數位相機鏡頭模組，隨著整合進入手機而打開市場，台灣即在 2008 年達到 22.08 億美元，佔全球 153.8 億美元的 14.3%（呂建鋒，2008），因此如何將 IC 設計的優勢發揮在太陽光電上，有賴新產品應用的發明，如果台灣能夠自行研發創新的系統端產品，建立專利，那更是能夠站穩先機，佔據一個新的太陽光電市場的領先地位。

Taiwanese Products/Industries in The Global Top Three Ranking, Year 2007

20080505

Ranking NO.1					Ranking NO.2					Ranking NO.3				
Item	Production Value		Production volume		Item	Production Value		Production volume		Item	Production Value		Production volume	
10	unit：US$M	World share	unit	World share	10	unit：US$M	World share	unit	World share	6	unit：US$M	World share	unit	World share
Foundry	17.476	66.6%			IC design	10.970	23.9%(e)			PCB	6,117.04	13.8%		
Mask ROM	757	92.9%			DRAM	7.015	22.4%			PU leather ※			43,160 (1000 Yard)	4.8%
IC Packaging	6.951	44.4%			WLAN※			54.597 (1,000 pieces)	22%	PTA※			4,474 (1,000 Metric Tons)	12.1%
IC Testing	3.189	63.0%			OLED panel	193	33.1%			Polyester Filament※			1,223 (1,000 Metric Tons)	7.5%
Large size (>10") TFT-LCD panel	29.827	46.4%			Small & medium size TFT-LCD panel	3.604	20.9%			Nylon Fiber※			384 (1,000 Metric Tons)	10.5%
TN/STN LCD panel	1.555	76.9%			LED	1068	16%			Notebook PC	723	1.5%	1,352 k	1.5%
ED Cu	1.121	78.3%			Glass fiber	787	32%							
Optical disc	2.079	65%	14.651 (million pieces)	68%	IC Substrate	1.945	26.36%							
ABS※			1.319 (1,000 Metric Tons)	20.0%	TPE※			374 (1,000 Metric Tons)	11.3%					
Power wheelchair & Power scooter ※			2.10k	31.7%	Motherboard (including system shipment)	178.7	2.4%	3,281 (1,000 pieces)	2.2%					

Note： The data are only good for products made in Taiwan, excluding the products made overseas by Taiwanese investment
※ranking by volume

SOURCE：ITIS Project．MOEA

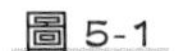
圖 5-1

5.2 台灣太陽光電之 SWOT

一般而言，就 SWOT 的分析[10]，較集中在產業面的探討，而指出產業的優勢、弱勢、機會與威脅部分，因此，本書首先將總體的指出台灣太陽光電產業的 SWOT 分析，並進一步的從技術面向上探討與歐盟太陽光電研發策略的 SWOT 比較。這兩部分雖有或有技術分析上的重疊性，但將有助於我們進一步探討與歐盟太陽光電技術的競合策略。因此，有技術優勢就能夠與太陽能先進技術國家合作，樂福公司就已經與德國太陽能電池設備製造商 Centrotherm 簽約合作。

5.2.1 台灣太陽光電產業之 SWOT

總體觀察而言，台灣太陽光電產業目前上、中、下游的佈局已日趨成熟，具有國際優勢競爭產品包括矽晶圓、結晶矽太陽電池，而薄膜太陽能電池的投入生產也是未來可期待之處。由於國內半導體技術、精密機械、化學工業、電子資訊等相關支援產業發達，透過群聚效應，可以在製造生產上發揮長處而取得優勢。同時，台灣電子技術、LED 或 LCD 技術人才充沛，產業知識與經驗豐富，有助於縮短生產技術或研發的學習曲線。目前而言，太陽光電群聚效應在政策推導下已逐漸形成。

然而，在弱勢面向，台灣國內市場規模不大，廠商不易取得量產規模經濟，或發展整個電廠輸出的技術經驗，而進行當地電廠設置經驗的改進、品牌建立，或達成資本累積以培育研發規模；因此，在產業政策上，需要突破原料、市場兩頭在外的瓶頸，加速通過再生能源發展條例而擴大國內太陽能光電市場策略之外，就生產鍊的佈局或與中國大陸的合作以擴大原料面及市場面的供給與需求，也是下一階段的重要目標。

在機會面而言，太陽光電全球市場急速成長，我國目前具備的研發產製能力有機會突破切入；同時，太陽電池的產品應用相當廣泛，包括分散式電源、消費性電子產品、通訊、玩具、或家電，為當代綠色產業的發展趨勢[11]。另一方面，從終端消費者的設計、組裝與製造而言，也是台灣在電子產品研發與製程的強項，未來若投入更多軟性知識經濟設計，將可能開發引領全球的太陽光電產品[12]。而在太陽光電與建築之 BIPV 部分，也是目前台灣廠商開發具優勢而有相當產業機會的部分。最後，部份國家或地區開發太陽光電電廠，我國有機會投入並進行進行合作。

在威脅面上，德、日、美等太陽光電技術大國投入相當早，在技術及市場上佔有優勢。世界各國近年來對於太陽光電價格補貼政策縮減，使得太陽光電市場成長趨緩。同時，中國大陸太陽光電產業發展迅速，產能已超越台灣；而韓國同樣的半導體與 LCD 產業基礎，為發展太陽光電的競爭對手。目前，我國再生能源發展條例之獎勵措施與產業誘因項目有所爭議，不利於太陽光電產業的扶植。

表 5-4　台灣太陽光電產業 SWOT 分析

優勢	弱勢
・台灣太陽光電產業目前上、中、下游的佈局已日趨成熟，具有國際優勢競爭產品包括矽晶圓、結晶矽太陽電池，而薄膜太陽能電池的投入生產也是未來可期待之處。 ・國內半導體技術、精密機械、化學工業、電子資訊等相關支援產業發達，透過群聚效應，可以在製造生產上發揮長處而取得優勢 ・台灣 IC 半導體、電子技術、LED 或 LCD 技術人才充沛，產業知識與經驗豐富，有助於縮短生產技術或研發的學習曲線。目前而言，太陽光電群聚效應在政策推導下已逐漸形成。	・台灣國內市場規模不大，廠商不易取得量產規模經濟，或發展整個電廠輸出的技術經驗，而進行當地電廠設置經驗的改進、品牌建立，或達成資本累積以培育研發規模。 ・台灣國內市場規模不大，廠商不易取得量產規模經濟，達成資本累積以培育研發規模。 ・在產業政策上，需要突破原料、市場兩頭在外的瓶頸，加速通過再生能源發展條例而擴大國內太陽能光電市場策略之外，就生產鍊的佈局或與中國大陸的合作以擴大原料面及市場面的供給與需求
機會	**威脅**
・太陽光電全球市場急速成長，我國目前具備的研發產製能力有機會突破切入。 ・太陽電池的產品應用相當廣泛，包括分散式電源、消費性電子產品、通訊、玩具、或家電，為當代綠色產業的發展趨勢。 ・從終端消費者的設計、組裝與製造而言，也是台灣在電子產品研發與製程的強項，未來若投入更多軟性知識經濟設計，將可能開發引領全球的太陽光電產品。	・德日美等大國投入太陽光電技術研發較早，在技術及市場上占有優勢。 ・世界各國近年來對於太陽光電價格補貼政策縮減，使得太陽光電市場成長趨緩。 ・中國大陸太陽光電產業發展迅速，產能已超越台灣；而韓國同樣的半導體與 LCD 產業基礎，為發展太陽光電的競爭對手。 ・目前，我國再生能源發展條例之獎勵措施與產業誘因項目有所爭

·BIPV是目前台灣廠商開發具優勢而有相當產業機會的部分。 ·部份國家或地區開發太陽光電電廠，我國有機會投入並進行進行合作。	議，不利於太陽光電產業的扶植。

資料來源：本研究自行整理。

5.2.2 台灣與歐盟太陽光電技術研發合作之SWOT比較

而台灣在與歐盟太陽光電技術研發合作的SWOT比較分析上，就優勢面而言，同樣的台灣在製造與生產上由於有豐富的半導體、光電產業經驗、精密機械、化學工業、電子資訊等相關支援產業發達，可以在製造生產上發揮長處；另一方面台灣電子技術、LED或LCD技術人才充沛，產業知識與經驗豐富，有助於縮短生產技術或研發的學習曲線。這兩個條件，可以為歐盟廠商技術合作並開拓東亞市場的對象。關鍵在於，是否可以透過技術合作而帶出研發面向上的追趕學習，並縮短技術學習曲線，達到技術水平。

在弱勢方面，台灣在製程設備、封裝設備、功能測試設備仍然大多仰賴國外進口，相較歐、美、日等國家遜色；而測試技術與系統整合能力目前雖為工研院太陽光電中心所極力開發，但仍然需要更多的國際合作與突破，例如與TUV的合作。而在新一代太陽電池技術如第二代的薄膜太陽電池，或第三代的有機太陽電池的研發上，由上述分析工研院的研發面向及部分廠商的技術突破，我國雖然在部分的技術面上有所跟進或呈現點的突破，但總體而言相較於技術大國仍然有相當程度的落差，不具備廣泛密集的競爭力。許多關鍵技術上例如雷射鍍膜我國雖然有一定程度的技術水平，但在爐管及 PECVD（化學沈積）等關鍵技術開發上，需要進行國際合作。同時，台灣在研發面向上的資本投入相較於歐盟較為不足，而僅能取得部分技術的突破；另一方面，在研發面向的系統面上，相較於歐盟的研發能量與方向，明顯不足，而極待強化。

在機會方面，同樣的，太陽電池的產品的未來性相當高，包括分散式電源、消費性電子產品、通訊、玩具、家電或 BIPV，歐盟需與世界各國消費端進行合作；而終端消費者的設計、組裝與製造為台灣在電子產品研發與製程的強項，歐盟可以重視此台灣強項而進行產品合作開發。同時，台灣掌有跟進全球的生產技術，而透過代工技術累積，而生產組裝推出品牌。在 BIPV 部分，台灣廠商樂福已取得產生太陽電池的技術專利，透過進一步研發突破，與歐盟相關的 BIPV 計畫進行合作相當具有優勢。

在威脅面方面，歐盟投入太陽光電研發與製造的時程相當久，目前第七期科研架構計畫相當系統性的研發能量也相當強，除了在技術上掌握有關鍵優勢之外，也佔有相當程度的市場。台灣重生產、輕研發，而歐盟為創新研發領導生產，就這個面向，兩者的研發結構有落差。特別是在第二代太陽電池研發及製造方

表5-5　台灣與歐盟太陽光電技術研發合作之SWOT分析

優勢	弱勢
‧台灣在製造與生產上由於有豐富的半導體、光電產業經驗、精密機械、化學工業、電子資訊等相關支援產業發達。 ‧台灣IC半導體、電子技術、LED或LCD技術人才充沛，產業知識與經驗豐富，有助於縮短生產技術或研發的學習曲線。	‧台灣在製程設備、封裝設備、功能測試設備仍然大多仰賴國外進口；而測試技術與系統整合能力仍然需要更多的國際合作與突破。 ‧在新一代太陽電池技術如第二代的薄膜太陽電池，或第三代的有機太陽電池的研發上，不具備廣泛密集的競爭力。 ‧關鍵技術上如爐管及PECVD（化學沈積）等關鍵技術開發上，需要進行國際合作。 ‧台灣在研發面向上的資本投入相較於歐盟較為不足。在研發面向的系統面上，相較於歐盟的研發能量與方向，極待強化。
機會	**威脅**
‧分散式電源、消費性電子產品、通訊、玩具、家電或BIPV等終端消費者的設計、組裝與製造，歐盟可以重視此類台灣強項而進行產品合作開發。 ‧台灣掌有跟進全球的生產技術，而透過代工技術累積，而生產組裝推出品牌。 ‧在BIPV台灣廠商已取得產生太陽電池的技術專利，與歐盟相關的BIPV計畫進行合作相當具有優勢。	‧歐盟第七期科研架構計畫系統性的研發能量相當強，掌握有關鍵技術優勢。 ‧台灣重生產、輕研發，而歐盟為創新研發領導生產，就這個面向，兩者的研發結構有落差。 ‧在第二代及第三代太陽電池研發及製造方面或運用奈米技術進行太陽光電產品的開發，為台灣所極需強化之處。

資料來源：本研究自行整理。

面，CdTe 的製程及回收突破，或第三代有機太陽電池的研發、運用奈米技術進行太陽光電產品的開發等，皆為台灣所極需強化之處。

5.3 台灣與歐盟太陽光電之競合策略

台灣主要競合策略可以分為四方面，首先是技術創新研發，第二是系統設計和製造，第三是中國市場的親近性，第四是台灣優秀的代工生產實力

第一是台灣與歐盟技術創新研發競合：台灣目前擁有技術競爭優勢的領域：第一代太陽電池的原件製造方面，太陽光電公司的 5 吋單晶矽太陽電池和 6 吋多晶矽太陽電池，厚度 150μm，已經達到歐盟太陽光電策略研發期程在 2013 年的技術目標。

第三代太陽電池技術有，頂晶科技 TUV, IEC61215, CE 所認證的 170W、220WBIPV 太陽能電池模組技術；雄雞的弧面太陽電池模組「Puzzle305」，禧通轉換效率 25% 以上的砷化鎵 (GaAs) 太陽電池，台灣華旭環能轉換效率 22% 的 HCPV 模組砷化鎵太陽電池，和 Fresnel Lens 集光倍率達到 476 倍，集光倍數已經超過德國。

樂福太陽能專利技術生產的彩色太陽能電池，樂福公司已經與德國太陽能電池設備製造商 Centrotherm 簽約合作，年底機器設備抵台之後，明年初將開始量產全球獨門的彩色太陽能電池，據工研院量測報告指出，其效率影響被控制在標稱值之 2% 內，

即不低於傳統太陽能電池轉換效率之 98%，能源轉換效率比任何競爭者高 30%，並創下世界最高短路電流記錄之改良式漸變結構太陽能電池 (Modified Grating Solar Cell)，挑戰轉換效率 21% 的目標；上面提到的幾個領域，憑藉這些廠商的研發成果，即可在此技術優勢下與歐盟技術合作。

台灣與歐盟可以技術合作的領域，設備零件材料方面，國碩科技研發製造太陽能導電膠、鋁膠、銀鋁膠、銀膠、鋁膠適，迪斯派奇的太陽電池製程設備，In-line 擴散系統 (1,250～1,450 Wafers/hr) 及高溫紅外線乾燥／燒結爐，飛斯妥的太陽能矽晶圓、太陽電池及玻璃基版的輸送移載及晶元品質檢測系統，洋博科技的玻璃基板磨邊後及鍍膜前的太陽能玻璃清洗機，勤友科技的高效率薄膜太陽電池整廠輸出設備解決方案，聚昌科技的新一代長晶爐，矽碁科技則具備 In-Line PVD 系統；第一代太陽電池具備生產技術的以茂迪、昱晶、益通、旺能、新日光、茂矽規模較大，太陽電池模組則有頂晶科技、立碁光能、中國電器、永炬光電、奈米龍科技、生耀光電、知光能源、茂暘能源規模較大，第二代薄膜電池有大豐能源、綠能科技、連相光電、旭能光電、富陽光電、大億光能、宇通光能、奇美能源、綠陽光電。

矽晶圓有中美晶、綠能、合晶、昇陽、茂迪、台勝科、統懋、強茂幾家有生產技術，多晶矽有山陽科技、福聚太陽能、環球半導體、元晶、旭晶、太陽光電。這些技術儘管未必領先歐盟，但考慮台灣的生產成本和市場因素，只要能夠突破國家間一些障礙，如語言、專利法規、國際貿易環境等因素，其實都有機會和歐盟進行合作。

根據「2008 年經濟部技術處產業技術白皮書：創新前瞻」（經濟部技術處 2009），我國的電子及光電產業產值已經上兆，然而與世界領先國家相比，產品比重高，產值比重低，利潤相對較低，顯見國內基礎研發之深度及創新不足，有賴科技專案之投入前瞻研發。尤其在太陽光電及相關的電池及光電技術上，國內廠商必須拋棄過去「快速追隨者」的做法，設定前瞻創新與聚焦目標，強調研發項目的差異化與前瞻性。不同領域經由整合機械、控制、微奈米、微機電、雷射與系統等技術，投入創新產品的發展，以期建立新興產業。而國家投入引領國際科研合作與創新，在這個部份上日益重要。該白皮書台灣在太陽光電技術及材料研發上，開發新型透明導電氧化鋅薄膜材料於太陽電池元件應用以取代銦錫氧化物 (ITO, Indium Tin Oxide) 材料、開發奈米太陽光電材料、低成本高效率之高溫結晶矽薄膜之陶瓷基板技術、開發高密度電漿鍍氧化鋁-氧化鋅製造薄膜技術之新的透明導電薄膜材料與製程等，為我國目前這技術及材料研發上可以突破的地方。而根據台灣的太陽光電技術發展路徑，我國可以跟第七期科研架構計畫進行技術研發合作之處，除了朝向第二代及第三代太陽電池技術研發能力之外，更可以在開發低成本高效率矽晶太陽電池與模組技術開發、矽薄膜太陽電池與模組、模組效率與系統效能、研發聚光型化合物半導體太陽電池、染料敏化太陽電池研

表 5-6　我國太陽光電技術發展 Roadmap

		短（近）程			中程	遠程
		2008	2009	2010	2015	2025
矽晶太陽電池	・太陽電池效率： ・單晶14.25%～17.5% ・多晶 13%～16.5%（晶片厚度 200 㦤～240 㦤） ・In-line high-yield processing	・太陽電池效率： ・單晶 17%～19% ・多晶 15%～18%（晶片厚度 160 㦤～180 㦤） ・In-line high-yield processing			・太陽電池效率： ・單晶 19%～21% ・多晶 18%～20%（晶片厚度 100 㦤～120 㦤） ・high throughput processing	・太陽電池效率： ・單晶 20%～22% ・多晶 19%～21%（晶片厚度<80 㦤） ・high throughput processes
矽薄膜太陽電池	產線驗證： for 5.5 MW 電池效率～5.5% （玻璃基板）	基礎研究 ・cell (1cm×1cm) 效率：13% 應用技術 ・大面積 (55cm×70cm) TOO 薄膜開發 ・模組 (55cm×70cm) 效率 9% 產業製造 ・大面積 (1.1m×1.4m) 矽薄膜沈積機臺設計 ・大面積 (1.1m×1.4m)			基礎研究 ・cell (1cm×1cm) 效率：15% 應用技術 ・模組 (55cm×70cm) 效率 12% 產業製造 ・大面積 (1.1m×1.4m) 矽薄膜太陽電池設備自製	基礎研究 ・cell (1cm×1cm) 效率：17% 應用技術 ・模組 (55cm×70cm) 效率 12%4 產業製造 ・大面積模組 (1.1m×1.4m) 效率：12%

		短（近）程			中程	遠程
		2008	2009	2010	2015	2025
		TOO 薄膜沈積機臺設計 ・大面積 (1.1m×1.4m) 雷射剝除機臺設計			・大面積模組 (1.1m×1.4m) 效率：9%	
奈米晶體染料敏化太陽電池	・小電池（直徑 5mm）效率： ・模組 (10cm×10cm) 效率 5.7%	・小電池（直徑 5mm）效率：12% ・模組 (10cm×10cm) 效率 9%			・小電池（直徑 5mm）效率：15% ・模組 (10cm×10cm) 效率 11%	・小電池（直徑 5mm）效率：18% ・模組 (10cm×10cm) 效率 15%
太陽光電模組	・模組效率 單晶 13%～15.5% 多晶 12%～14.5%	・模組效率 單晶 15%～17% 多晶 14%～16%			・模組效率 單晶 15%～17% 多晶 14%～16%	・模組效率 單晶 15%～17% 多晶 14%～16%
太陽光電系統	・系統設置技術能量 ・已竣工最大容量 70kWp ・單一系統設置容量≦1MWp 規劃中 ・無建築整合之屋頂設置	普及化 PV 系統技術 ・家電化且高效率 Inverter ・合格元件使用推動 ・模組化系統產品推動 ・小型陽光社區實證研究 ・孤島偵測與保護模組			穩定與安全 PV 系統技術 ・大型 PV 系統診斷技術 ・多功能 Inverter 開發 ・追日型系統開發 ・中型陽光社區實證研究	自立運轉 PV 系統技術 ・島嶼型 PV 供電系統開發 ・大型陽光社區實證研究 ・≧20MWp 系統設置

		短（近）程			中程	遠程
		2008	2009	2010	2015	2025
		・電力系統品質研究 ・建築整合型系統 ・≧1MWp 大型 PV 設置推動			・≧5MWp 系統設置	

資料來源：工研院太陽光電科技中心，2007 年 11 月

發、有機薄膜、無機薄膜與奈米材料等領域進行國際合作。

第二個競合優勢是台灣設計與製造能力與歐盟競合，即是台灣雄厚的 IC 設計和消費性電子商品的製造能力，台灣在製造與生產上由於有豐富的半導體、光電產業經驗、精密機械、化學工業、電子資訊等相關支援產業發達，更兼台灣 IC 半導體、電子技術、LED 或 LCD 技術人才充沛，產業知識與經驗豐富，有助於縮短生產技術或研發的學習曲線，目前而言，太陽光電群聚效應在政策推導下已逐漸形成。

如果政策上保持與歐盟緊密的聯繫，有新型的太陽光電產品發明，例如太陽光電手機，那麼歐盟廠商將可以考慮與台灣的手機廠商合作，台灣這方面的勁敵，是消費性電子商品設計的韓國和生產製造的中國，因此如何與這兩國在設計和生產製造上，提升台灣的競爭力，將是政策上應該更為重視。

目前比較成熟的是太陽能蓄電的 LED 照明產品，目前這樣產品的研發以日本為領先，SHARP 把他技術強項矽薄膜太陽電池，

運用在 LED-BIPV，稱為「Lumiwall」，已經在許多建築上應用。

事實上，中國對推展 LED 路燈這項產品相當積極 (PIDA, 2008)，基於文化親近性台灣業者目前在中國 LED 路燈市場已經可以進入，目前台灣廠商推出的 LED 路燈為 60W、90W 兩種為主，分別運用在六公尺八公尺的高度，平均保固其在 25,000～30,000hr，相當具有國際競爭力，台灣有些廠商，研發比較特殊的產品，例如崇越電通的 LED 路燈，結合了太陽能板和 3G 監視器系統，奧古斯丁的 LED 路燈，是以高瓦數的單盞 240W，12 組 6 晶片的小燈組構成。

另外，台灣不妨可以開始研發下一代太陽光電消費性商品的電池模組，為將來更新技術的來臨作準備[13]，當歐盟更小、轉換效率更高的太陽電池（例如有機太陽電池）研發成功時，台灣可能就能更接近合作的機會。

第三個競合的優勢是中國市場的進入優勢：

將來中國太陽光電市場還有賴其再生能源政策的推展，目前中國並未成為世界太陽光電主要消費市場，但以其經濟規模來說，這個市場是可以期待的，就像台灣在中國 LED 路燈市場的的進入優勢；另外，中國已經是矽晶原料和太陽電池主要生產國家，2009 年 3 月 24～25 日的兩岸太陽光電產業合作及交流會議裡，與會講者經常提到，以中國的生產製造成本低，結合台灣優秀的技術、設計能力，開創一個合作的優勢，如同香港成為世界各國進出中國的貿易門戶，台灣在太陽光電產業上，也可以成為歐盟與中國技術合作的關鍵角色，如同個人電腦和手機產業，由中國生產原料和組裝，台灣設計、以及製造關鍵模組和原件，歐盟提供先進技術和創新產品概念，這樣的競合關係，似乎是一個將來可以發展的趨勢。

第四個競合優勢是台灣的代工生產實力：

台灣豐富的電子、電子零件、IC 設計、面版等代工生產的優勢。分散式電源、消費性電子產品、通訊、玩具、家電或 BIPV 等終端消費者的設計、組裝與製造，歐盟可以重視此類台灣強項而進行產品合作開發。

台灣掌有跟進全球的生產技術，而透過代工技術累積，而生產組裝推出品牌。

在 BIPV 台灣廠商已取得產生太陽電池的技術專利，與歐盟相關的 BIPV 計畫進行合作相當具有優勢。代工生產主要競爭對手是在東南亞跨國生產的歐盟、日本、美國廠商，目前在多晶矽的生產上，為了節省生產成本，太陽電池多晶矽原料大廠在東南亞都有其生產線，將來當太陽電池市場規模更大時，極可能依循半導體、光碟、硬碟、面版等電子產品的模式，在國際生產鍊上，轉向「代工生產」模式，台灣在半導體和電子產品相關代工生產上，技術相當成熟。

5.4 小結

歐、美、日都是人力成本較高的國家，太陽電池現在仍在市場規模的上升階段，將來勢必如同 IC 與面版一樣，在市場大量，降低生產成本以後，移往其他國家生產，但是歐美日現階段都掌握領先的技術，即使往後生產重心逐漸移往中國、台灣、等國家，如果台灣仍然依賴 TurnKey 模式，大量依賴技術先進國家技術，則台灣在全球太陽電池產業上，將處於不利狀況。

台灣雖然具有某些技術創新研發、系統設計和製造、中國市場的親近性、優秀的代工生產實力四項主要優勢，但與歐盟相比，歐盟由執委會領銜太陽光電歐盟研究區域網絡 (PV-ERA-NET) 明確的訂立在歐盟在太陽光電策略研發期程也設定太陽光電上達成的短程、中程、長程技術目標，歐盟第七期科研架構計畫 (framework Programme 7th) 是主導歐盟 2009-2012 年的科學發展綱領，歐盟「共同研發中心」 (Joint Research Centre) 為民間技術交流的平台，太陽光電技術平台 (PVT Platfom) 技術層面的整合平台，整個將歐盟的太陽光電研發到生產技術串連起來，而台灣至這兩三年才積極啟動太陽光電研究，並且研究單位及廠商的技術研發平台也待進一步整合發展，以目前的研發及及技術移轉製造成果已屬不易；但這些「點狀」的技術突破，對比各國相當時期且具有系統性的研發能量仍顯弱勢。再者，雖然台灣廠商在太陽電池生產上佔據世界第四，但仍然欠缺明確的研發政策和類如歐盟太陽光電策略研發期程具體的技術目標可以追尋，以致於整體來看台灣的太陽光電產業呈現「重生產、輕研發」現況，而歐盟則呈現「創新研發領導生產」的積極態勢；事實上，原先台灣太陽電池產業就有「兩頭在外」，即原料、市場在外的先天弱勢，特別是太陽電池不同於半導體、面版，在 IC 設計、封裝技術等技術成本比重大，太陽電池在原料市場的成本上佔有更多的比重，因此，如何整合上、中、下游的關鍵技術來自我提昇技術競爭力，是首要的課題。

如果能夠在國家整體研發政策上，投入協助這些公司和歐盟進行合作、交流，相信能把我國點狀的技術面，整合進入歐盟具規模和深度的太陽光電領先技術，相信對我國太陽光電先進技術也有相當提升的作用，另外，經濟部能源局表示在 2008 年完成通過 CBTL (Certification Body Testing Laboratory) 國際認證，由於台灣非聯合國會員國而無法發證，希望藉由與德國 TUV 合作，取得驗證機關的測試資格，將有利於台灣太陽光電產業之發展。

另外，在太陽光電技術研發預算上，台灣自 1980 年開始由政府編列經費投入太陽光電技術研發，並將太陽光電產業的發展列入重點的再升能源科技與產業項目，我國自 1999 年至 2007 年在太陽光電技術研發與應用推廣投入金額僅有大約7億元，經濟部能源局投入的太陽光電研發經費 2008 年亦僅 1 億餘元，與 400 億產值無法相提並論[14]。另外，今年則是達到單年度 7 億元的研發預算，而今年 4 月 23 日政府為了達到六大新興產業第三項「綠色能源產業旭升方案」的目標，預計在五年內投入 200 億元的技術研發經費，希望藉此帶動民間投資 2000 億元，以 250 億元推動再生能源與節約能源的設置和補助[15]；大型綠能投資計畫將列為國發基金將優先投資項目，但具體方案及預算規劃仍屬未定之數，因此政府對於太陽光電研發、推廣及補貼經費的投入目前仍遠遠落後其他世界光電大國的政府表現，再對照世界先進國家投入研發經費占全年 GDP 比例後，更顯示研發投入比例不足的現象。而這部分，也顯示我們與歐盟太陽光電競合關係中需要強化投入的部分，讓有限的預算能運用在精準的跨國競爭合作上。

事實上，面對歐盟與日本合作並重視合中國與印度等新興經濟體的太陽光電技術合作 (European Commission (2009))，我國需要有更積極的政策及技術研發合作作為。根據經濟部能源局 (2008) 「2007 年能源科技研究發展白皮書」，我國的的對應行動方案：包括營造能源環境帶動產業發展：推動再生能源發展條例通過、加速太陽光電產業國際合作、加速薄膜太陽光電整合、建立模組亞太地區模組驗證服務、強化矽晶太陽光電競爭、鼓勵產官學技術研發合作，以確立台灣在亞洲區域太陽光電的技術、產業優勢。而自 2009 年啟動並投資 51 億新台幣的台灣能源國家型計畫（國科會 2009），則應建立與歐盟執委會研究委員會雙邊關係、設定科研人員、技術之交流、設定研發合作之目標與對象。

1 工研院：http://www.itri.org.tw/chi/pvtc/

2 陳榮顯，取之不盡，用之不竭的太陽光電，工程，2007 年8 月，頁 54。

3 熊谷秀，張維志，我國太陽光電政策推動與展望，臺灣經濟金融月刊，2008 年 2 月，頁 96。

4 （5.1.4）為專家訪談意見。

5 熊谷秀，張維志，我國太陽光電政策推動與展望，臺灣經濟金融月刊，2008 年 2 月，頁 100。

6 楊俊英，我國太陽光電相關技術發展與系統應用，永續產業發展，2006 年 10 月，頁 21。

7 康志堅，檢視臺灣太陽光電產業競爭力，產業與管理論壇，2008 年 3 月，頁 67。

8 本段論述（5.1.5）為專家訪談分析。

9 與 59 相同。

10 Weihrich, H. (1982) . The SWOT matrix - A tool for situational analysis. Long Range Planning, Vol.15, No.2, PP.54- 66.

11 PV-TRAC 委員會提出的「歐洲技術平台」 (European Technology Platform)，指出有關太陽光電在未來電力供應的優勢可靈活運用，即太陽光電系統不但可置入大眾消費產品、建築物、模組內，連中央發電設備中也可以使用該技術。同時，PV-TRAC 也評估希望太陽光電市場能夠高度競爭，確保歐洲在此高科技產業的領導地位，參照 (PV - TRAC 2006)。

12 有關終端消費者產品的設計及組裝之台灣產業特色，可以作為未來我國太陽光電產業策略的突破面向，幾位受訪者皆有類似的觀點。

13 大約 30 年前，Kane Kramer 提出了數位音樂播放器技術，隨即，Kane Kramer 申請了全球性專利，並成立了公司來發展該技術，但在 1988 年董事會分裂後，Kane Kramer 便無力支付 6 萬英鎊的專利繼續持有費用，於是該專利成了公共財產，誰都可以根據該專利設計並生產產品。徐文廣 (2008) 蘋果 iPod 發明者的故事 15 歲時便輟學http://www.sina.com.cn 2008 年 09 月 09 日，新浪科技時代 http://tech.sina.com.cn/digi/2008-09-09/0530798497.shtml

14 黃鎮江，從歐巴馬綠領政策談台灣後消費券之產業政策，經濟日報電子報，2009 年 3 月 20 日。

15 呂雪慧，點燃新能源兆元產業，中國時報電子報，2009 年 4 月 20 日。

6 結論

香港的環保大廈

本書乃由太陽光電之市場、產業技術、推動政策、研發創新面向來初步分析臺灣與歐盟第七期科研計畫架構之競合策略，並審視對比兩個地區之產業技術優勢、研發技術優勢，而提出臺灣可以在部分技術研發、系統設計與製造、市場的親近性與優秀的代工生產實力等條件下，進行與歐盟的學習合作。透過對太陽光電全球市場及產值的分析，我們可以了解除了歐盟及其成員國、大力推動太陽光電產業之外，重要的國家如日本、美國、中國及韓國的加入，大大的提升太陽光電產業的競爭實力；而也顯示主要的生產基地及技術優勢集中在幾個大廠之中。相應的，台灣雖然已經透過政策推動整合太陽光電上、中、下游的生產鍊，並在全球產值上位居第四，但整體的技術優勢及實力仍然呈現點狀的突破，極需高度的注重與各國製造及研發的策略合作分析，來保持發展的利基。

報告中所分析歐盟對太陽光電太陽光電策略研發期程的技術研發策略及其對應在第七期科研架構計畫中針對第一代、第二代、第三代太陽電池及模組的研究，凸顯歐盟相當系統性的以創新研發引領製造的科技產業策略；而此具有規模優勢的研發投入，實為作為單一國家經濟體又面臨材料、市場兩頭在外或研發經費相對有限的台灣，需要實質的思考研發的跟進與切入的重點。而透過我們對於台灣太陽光電產業 SWOT 分析基礎，及進一步的討論台灣與歐盟太陽光電技術研發合作的 SWOT 比較，可以看到，第一代太陽電池的生產及技術已經較為普遍化，而部份第二代及第三代太陽電池的研發，以及整體生產的部份關鍵技術，皆為台灣所欠缺而需要加強與歐盟的合作學習。

相對於需要選擇性的進行技術研發的學習與突破，在有限的研發能量中追趕並保持國際的技術發展，可以回頭思考的是台灣在市場、管理、系統設計與製造及代工的績效面向。這些過去累積的電池、電子零件、IC 設計、面板等製造生產優勢及其周邊支援的發達產業，以及由此而延伸出的技術人才網絡，一方面有助於吸引歐盟或國際大廠來台進行製造合作，而複製類如半導體產業的後進學習路徑，來開拓台灣太陽光電產業的競爭生存利基，另一方面，一旦技術與市場更趨成熟，系統設計與組裝的產品開發能力，而連結終端消費者的彈性生產潛力，例如分散式電源、消費性電子產品、通訊、玩具、家電或 BIPV 等終端消費者的設計、組裝與製造，將有可能創造台灣廠商發展全球知名品牌的契機。

事實上，這些潛在的發展路徑，都有待新一代太陽電池技術的突破與市場化，而台灣除了在政策上不斷鼓勵推動之外，能創造更多的技術優勢誘因與製造優勢條件來進行與歐盟的學習合作，可為當務之急。

參考文獻

英文部分：

Arnulf Jager-Waldau (2008, September). PV Status Report 2008 Research, Solar Cell Production and Market Implementation of Photovoltaics. European Commission, DG Joint Research Centre, Institute for Energy, Renewable Energies Unit. Retrieved May,2009 from the World Wide Web: http://sunbird.jrc.it/refsys/pdf/PV%20Report%202008.pdf

Arnulf Jager-Waldau (2007) PV Status Report 2007. Research, Solar Cell Production and Market Implementation of Photovoltaics: report of the European Commission, DG Joint Research Centre. September 2007. Retrieved April 1,2009 from the World Wide Web: http://re.jrc.ec.europa.eu/refsys/pdf/PV_StatusReport_2007.pdf

Arnulf Jager-Waldau (2006) PV Status Report 2006. Research, Solar Cell Production and Market Implementation of Photovoltaics: report of the European Commission, DG Joint Research Centre. August 2006. Retrieved April 1,2009 from the World Wide Web: http://re.jrc.ec.europa.eu/pvgis/doc/report/PV_Status_Report_2006.pdf

European Commission (2005). SWOT in Energy Research 2005,

Retrieved May,2009 from the World Wide Web: http://ec.europa.eu/research/energy/pdf/swot_en.pdf.

European Commission (2009) EU and Japan agree to work more closely together in energy research, Directorate-General for Research: http://ec.europa.eu/dgs/research/index_en.html

EPIA. (2009, March). Global Market Outlook For Photovoltaic Until 2013: p.2、p.15.The European Photovoltaic Industry Association (EPIA). Renewable Energies Unit. Retrieved May,2009 from the World Wide Web: http://www.epia.org/index.php?eID=tx_nawsecuredl&u=0&file=fileadmin/EPIA_docs/publications/epia/Global_Market_Outlook_Until_2013.pdf&t=1243415913&hash=c7e9da1e2aeb5c862ca40a3dce08ccd8.

Energy Utilization: report of the Basic Energy Sciences Workshop on Solar Energy Utilization, April 18-21, 2005. US Department of Energy, Office of Basic Energy Science, Washington, DC. Retrieved May,2009 from the World Wide Web: http://resolver.caltech.edu/CaltechAUTHORS:LEWsolarenergyrpt05

European commission (2005) Energy R&D Statistics in the European Research Area. Retrieved April 1,2009 from the World Wide Web: http://ec.europa.eu/research/energy/pdf/statistics_en.pdf

European commission (2005).Energy RTD Information Systems in the ERA. Retrieved April 1,2009 from the World Wide Web: http://

ec.europa.eu/research/energy/pdf/infosys_en.pdf

European commission (2005). Strengths, Weaknesses,Opportunities and Threats in Energy Research. Retrieved April 1,2009 from the World Wide Web: http://ec.europa.eu/research/energy/pdf/swot_en.pdf

IEA PVPS Executive committee (2008).Annual report 2008. Implementing Agreement on Photovoltaic Power Systems. Retrieved April 1,2009 from the World Wide Web: http://www.iea-pvps.org/products/download/rep_ar08.pdf

IEA PVPS Executive committee (2006).Annual report 2006. Implementing Agreement on Photovoltaic Power Systems. Retrieved April 1,2009 from the World Wide Web: http://www.iea-pvps.org/products/download/rep_ar06.pdf

IEA PVPS Executive committee (2007) Trends In Photovoltaic Applications, Survey report of selected IEA countries between 1992 and 2007. Retrieved April 1,2009 from the World Wide Web: http://www.iea-pvps.org/products/download/rep1_17.pdf

Lewis, Nathan S. and Crabtree, George (2005) Basic Research Needs for Solar

Photovoltaic Technology Research Advisory Council (2006). A Vision for Photovoltaic. Author. Retrieved April 1,2009 from the World Wide Web: http://ec.europa.eu/research/energy/pdf/visionreport-final.pdf

PV-ERA (European Research Area)-NET (Networks). (2009, May). Organisation, Strategy, Objectives and Priorities of Photovoltaic Research and Technological Development Programmes in PV ERA NET States. PV-ERA-NET. Retrieved May,2009 from the World Wide Web: http://www.pv-era.net/doc_upload/documents/173_PublicSurveyReport_May2009.pdf

Seventh Framework Programme (FP7) , www.europa.eu/home_en.html

Weihrich, H. (1982). The SWOT matrix-A tool for situational analysis. Long Range Planning, Vol.15, No.2, PP.54-66.

Sinke, W.C. & C. Ballif, A. Bett, et. Al (2007).A Strategic Research Agenda for Photovoltaic Solar Energy Technology.22nd European Photovoltaic Solar Energy Conference and Exhibition. Retrieved April 1,2009 from the World

Wide Web: http://cordis.europa.eu/technology-platforms/pdf/photovoltaics.pdf

PV projects in Seventh Framework Programme (FP7)

ACONDICIONAMIENTO TARRASENSE ASSOCIACION PASSEIG 22 DE JULIOL (2009,2,1). Smart light collecting system for the efficiency enhancement of solar cells (EPHOCELL). SPAIN. BARRAGAN, Cristina (Ms.). Retrieved date from the available protocol: http://

cordis.europa.eu/fetch?CALLER=FP7_PROJ_EN&ACTION=D&DOC=8&CAT=PROJ&QUERY=012180dbedc9:0d46:7636d885&RCN=90161

BAR ILAN UNIVERSITY BAR ILAN UNIVERSITY CAMPUS (2009,3,1). New materials for high voltage solar cells used as building blocks for third generation photovoltaics (HIGH-VOLTAGE PV). ISRAEL. PEER, Isser Israel (Dr). Retrieved date from the available protocol: http://cordis.europa.eu/fetch?CALLER=FP7_PROJ_EN&ACTION=D&DOC=6&CAT=PROJ&QUERY=012180dbedc9:0d46:7636d885&RCN=90347

COMMISSARIAT ENERGIE ATOMIQUE CEA RUE LEBLANC (2008,2,1). Heterojunction solar cells based on a-Si c-Si (HETSI). FRANCE. HUSSENOT, Yves (Mr). Retrieved date from the available protocol: http://cordis.europa.eu/fetch?CALLER=FP7_PROJ_EN&ACTION=D&DOC=7&CAT=PROJ&QUERY=012180dbedc9:0d46:7636d885&RCN=85740

COMMISSARIAT ENERGIE ATOMIQUE CEA (2009-02-01). Plasmons generating nanocomposite materials (PGNM) for 3rd Generation thin film solar cells (SOLAMON). FRANCE. HUSSENOT, Yves (Mr). Retrieved date from the available protocol: http://cordis.europa.eu/fetch?CALLER=FP7_PROJ_EN&ACTION=D&DOC=15&CAT=PROJ&QUERY=012180dbedc9:0d46:7636d885&RCN=89442

CESI RICERCA SPA (2008,7,1). Multi-approach for high efficiency integrated and intelligent concentrating PV modules (systems) (APOLLON). ITALY. LEGRAMANDI, Carlo (Dr). Retrieved date from the available protocol: http://cordis.europa.eu/fetch?CALLER=FP7_PROJ_EN&ACTION=D&DOC=11&CAT=PROJ&QUERY=012180f10484:dbb8:02f2858d&RCN=88272

FRAUNHOFER-GESELLSCHAFT ZUR FORDERUNG DER ANGEWANDTEN FORSCHUNG E.V.Hansastr. (2008,10,1).Ultra thin solar cells for module assembly-tough and efficient (ULTIMATE) (ULTIMATE). GERMANY. PREU, Ralf (Dr). Retrieved date from the available protocol: http://cordis.europa.eu/fetch?CALLER=FP7_PROJ_EN&ACTION=D&DOC=9&CAT=PROJ&QUERY=012180dbedc9:0d46:7636d885&RCN=90324

FRAUNHOFER-GESELLSCHAFT ZUR FORDERUNG DER ANGEWANDTEN FORSCHUNG E.V. Hansastrasse. (2008,9,1). Next generation solar cell and module laser processing systems (SOLASYS). GERMANY. ZEUMANN, Andrea (Ms.). Retrieved date from the available protocol: http://cordis.europa.eu/fetch?CALLER=FP7_PROJ_EN&ACTION=D&DOC=10&CAT=PROJ&QUERY=012180dbedc9:0d46:7636d885&RCN=90332

FRAUNHOFER-GESELLSCHAFT ZUR FOERDERUNG DER ANGEWANDTEN FORSCHUNG E.V (2008,06,01). Flexible production technologies and equipment based on atmospheric pressure plasma processing for 3D nano structured surfaces (N2P). Hansastrasse. KRAUSE, Walter (Mr) Retrieved date from the available protocol: http://cordis.europa.eu/fetch?CALLER=FP7_PROJ_EN&ACTION=D&DOC=3&CAT=PROJ&QUERY=012180d11f3a:f195:31f4fb35&RCN=89315

FRAUNHOFER-GESELLSCHAFT ZUR FOERDERUNG DER ANGEWANDTEN FORSCHUNG E.V (2009,1,1). Active solar panel initiative (ASPIS). GERMANY. KRAUSE, Walter (Mr). Retrieved date from the available protocol: http://cordis.europa.eu/fetch?CALLER=FP7_PROJ_EN&ACTION=D&DOC=5&CAT=PROJ&QUERY=012180f10484:dbb8:02f2858d&RCN=89736

FRAUNHOFER-GESELLSCHAFT ZUR FOERDERUNG DER ANGEWANDTEN FORSCHUNG E.V (2008,10,1). Resource- and cost-effective integration of renewables in existing high-rise buildings (COST-EFFECTIVE). GERMANY. KUHN, Tilmann (Mr). Retrieved date from the available protocol: http://cordis.europa.eu/fetch?CALLER=FP7_PROJ_EN&ACTION=D&DOC=8&CAT=PROJ&QUERY=012180f10484:dbb8:02f2858d&RCN=89638

FUNDACION PRIVADA CETEMMSA (2008,11,01).Development of photovoltaic textiles based on novel fibres (DEPHOTEX). CARRER BALMES. MARGELI, MaCarmen (Ms.). Retrieved date from the available protocol: http://cordis.europa.eu/fetch?CALLER=FP7_PROJ_EN&ACTION=D&DOC=4&CAT=PROJ&QUERY=012180d8deec:dc01:004159de&RCN=90294

INSTITUT FUER PHOTONISCHE TECHNOLOGIEN E.V (2009,1,1). All-inorganic nano-rod based thin-film solarcells on glass (ROD-SOL). GERMANY. KOBOW, Jens (Dr). Retrieved date from the available protocol: http://cordis.europa.eu/fetch?CALLER=FP7_PROJ_EN&ACTION=D&DOC=16&CAT=PROJ&QUERY=012180dbedc9:0d46:7636d885&RCN=89444

INSTITUTE OF PHOTONIC TECHNOLOGY E.V. (2008,1,1). Large grained, low stress multi-crystalline silicon thin film solar cells on glass by a novel combined diode laser and solid phase crystallization process (HIGH-EF). GERMANY. SONDERMANN, Frank (Mr). Retrieved date from the available protocol: http://cordis.europa.eu/fetch?CALLER=FP7_PROJ_EN&ACTION=D&DOC=19&CAT=PROJ&QUERY=012180ecf309:bed2:21cbdb5d&RCN=85760

INSTITUT DE CIENCIES FOTONIQUES, FUNDACIO PRIVADA (2009,4,1). Self-nanostructuring polymer solar cells (SOLARPAT). SPAIN. JORDI, Martorell (Professor). Retrieved date from the available protocol: http://cordis.europa.eu/fetch?CALLER=FP7_PROJ_EN&ACTION=D&DOC=11&CAT=PROJ&QUERY=012180dbedc9:0d46:7636d885&RCN=90305

LINZER INSTITUT FUER ORGANISCHE SOLARZELLEN-JOHANNES KEPLER UNIVERSITAET (2009,1,1). Organic optoelectronic device (PORASOLAR). AUSTRIA. SARICIFTCI, Niyazi Serdar (Professor). Retrieved date from the available protocol: http://cordis.europa.eu/fetch?CALLER=FP7_PROJ_EN&ACTION=D&DOC=20&CAT=PROJ&QUERY=012180ecf309:bed2:21cbdb5d&RCN=88953

LUNDS UNIVERSITET (2008,10,1). Architectures, materials, and one-dimensional nanowires for photovoltaics-research and applications (AMON-RA). SWEDEN. MONTELIUS, Lars (Professor). Retrieved date from the available protocol: http://cordis.europa.eu/fetch?CALLER=FP7_PROJ_EN&ACTION=D&DOC=17&CAT=PROJ&QUERY=012180dbedc9:0d46:7636d885&RCN=89662

MAX PLANCK GESELLSCHAFT ZUR FOERDERUNG DER WISSENSCHAFTEN E.V. (2008,7,1). Investigation of interfacial structure of buried inorganic-organic interfaces in organic photovoltaics — LiF at organic-cathode interface (LIFORGANICPV). GERMANY. SEGAR, Richard (Dr). Retrieved date from the available protocol: http://cordis.europa.eu/fetch?CALLER=FP7_PROJ_EN&ACTION=D&DOC=13&CAT=PROJ&QUERY=012180dbedc9:0d46:7636d885&RCN=88051

STICHTING ENERGIEONDERZOEK CENTRUM NEDERLAND (2008,2,1) Efficient and robust dye sensitzed solar cells and modules (ROBUST DSC). NETHERLANDS. VAN DER LINDEN,

Marcel (Mr). Retrieved date from the available protocol: http://cordis.europa.eu/fetch?CALLER=FP7_PROJ_EN&ACTION=D&DOC=14&CAT=PROJ&QUERY=012180dbedc9:0d46:7636d885&RCN=85752

UNIVERSIDAD POLITECNICA DE MADRID (2009,1,1). New applications for cpv's: a fast way to improve reliability and technology progress (NACIR). SPAIN. LEON, Gonzalo (Professor). Retrieved date from the available protocol: http://cordis.europa.eu/fetch?CALLER=FP7_PROJ_EN&ACTION=D&DOC=6&CAT=PROJ&QUERY=012180f10484:dbb8:02f2858d&RCN=89954

UNIVERSIDAD POLITECNICA DE MADRID (2008,2,1). Intermediate band materials and solar cells for photovoltaics with high efficiency and reduced cost (IBPOWER). SPAIN. LEON, Gonzalo (Professor). Retrieved date from the available protocol: http://cordis.europa.eu/fetch?CALLER=FP7_PROJ_EN&ACTION=D&DOC=10&CAT=PROJ&QUERY=012180f10484:dbb8:02f2858d&RCN=85739

WAGENINGEN UNIVERSITEIT (2009,1,1). PlantPower-living plants in microbial fuel cells for clean, renewable, sustainable, efficient, in-situ bioenergy production (PLANTPOWER). NETHERLANDS. HAMELERS, Bert (Mr). Retrieved date from the available protocol: http://cordis.europa.eu/fetch?CALLER=FP7_PR

OJ_EN&ACTION=D&DOC=18&CAT=PROJ&QUERY=012180dbedc9:0d46:7636d885&RCN=89269

中文部分：

書籍

汪偉恩，陳婉如 (2008)，〈2008 年太陽光電市場與產業發展年鑑〉，2008 年 5 月，第 3 章：全球 PV 產業分析，頁 40-41，光電科技工業協進會。

經濟部能源局 (2007)，〈能源科技研究發展白皮書〉，頁 67-68，台北市：作者王啟川等。

藍崇文 (2009)，〈新太陽能煉金術〉，頁 42-47，108-121，台北市：財訊。

期刊

化工資訊與商情雜誌編輯室 (2007)，〈陽光燦爛，目標清晰！—太陽光電產業的發展與問題〉，化工資訊與商情，2007 年 3 月，頁 6-11。

化工資訊與商情雜誌編輯室 (2008)，〈下一個兆元產業的身影—從太陽光電技術演進探討產業發展策略〉，化工資訊與商情，2008 年 11 月，頁 18-25。

王孟傑 (2007)，〈多晶矽原料短缺—廠商積極建構完整太陽能產業鏈〉，工業材料，2007 年 9 月，頁 170-175。

王孟傑 (2009)，〈化合物薄膜太陽電池產業現況〉，工業材料雜誌，268，頁 64-70。

王家瓚 (2007)，〈太陽光電技術與發展〉，電工通訊，(2007，6)，頁 14-23。

王啟秀、孔祥科、左玉婷 (2008，8)，〈全球能源產業趨勢研究：以台灣太陽光電產業為例〉，中華管理評論國際學報，2008 年 8 月，11 (3)，頁 18。

王睦鈞 (2007)，〈新興機會個案一太陽光電產業發展課題研析〉，臺灣經濟研究月刊，2007 年 11 月，頁 54-58。

何佩芬 (2006)，〈太陽光電第 3 大兆元產業〉，能源報導，2006 年8 月，頁 24-26。

吳振中 (2006)，〈太陽光電來了一國內太陽光電之推展〉，能源報導，2006 年 6 月，頁 5-7。

李巧琳 (2008)，〈保護地球的親善大使一太陽光電產業發展機會與政策探討〉，臺灣經濟研究月刊，2008 年 2 月，頁 65-73。

李君禮 (2006)，〈我國太陽光電產業發展現況與策略規劃〉，永續產業發展，2006 年 10 月，頁 36-39。

李君禮 (2008)，〈榮景可期的綠色能源產業〉，臺灣經濟研究月刊，2008 年 3 月，頁 130-136。

李雯雯 (2008)，〈聚光型太陽光電技術發展概況〉，工業技術研究院 (IEK)，2008 年 5 月 28 日。

李碩重 (2007)，〈太陽光電技術與產業發展（下）〉，瓦斯季刊，2007 年 7 月，頁 2-19。
汪偉恩 (2008)，〈2007～2010 年全球太陽光電產業與市場預測〉，光連雙月刊，73，頁 17-20。
汪偉恩 (2008)，〈全球太陽光電產業與市場發展趨勢〉，光連，2008 年 9 月，頁 50-56。
林淑敏 (2005)，〈太陽光電產業〉，產業調查與技術季刊，2005 年 11 月，頁 24-37。
林蔚文 (2008)，〈太陽光電熱潮下的產業因應之道一產業篇 4：太陽光電產業〉，貿易雜誌，2008 年6 月，頁 26-29。
洪長春 (2006)，〈太陽光電市場之經驗曲線分析〉，能源季刊，2006 年 7 月，頁 105-136。
翁古松、劉乃元、彭成鑑、洪健龍 (2008)，〈太陽光電材料產業現況與發展機會〉，工業材料雜誌，255，頁 124-135。
翁谷松，劉乃元，彭成鑑，洪健龍 (2008)，〈太陽光電材料產業現況與發展機會〉，工業材料，2008 年 3 月，頁 124-135。
康志堅 (2008)，〈檢視臺灣太陽光電產業競爭力〉，產業與管理論壇，2008 年 3 月，58，頁 60-71。
張世其，廖明瑜，郭謦誌 (2006)，〈臺灣發展太陽光電產業所面臨問題〉，能源報導，2006 年 8 月，頁 14-16。
張佳文等 (2009)，〈新穎世代微晶矽鍺薄膜太陽電池〉，工業材料雜誌，268，頁 71-80。
張菀倫 (2006)，〈前瞻佈局 占得有利先機一茂迪迎向太陽光電產業大未來〉，永續產業發展，2006 年 10 月，頁 40-45。
張維志 (2007)，〈我國太陽光電政策推動現況〉，工業材料，2007 年 7 月，頁 124-135。
張維志 (2007)，〈我國太陽光電政策推動現況〉，工業材料雜誌，245，頁 124-135。
莊佳智 (2009)，〈軟性CIGS 薄膜太陽電池技術發展與近況〉，工業材料雜誌，268，頁 82-90。
郭禮青 (1999)，〈我國太陽光電發展之現況與未來〉，工業材料，1999 年 2 月，頁 90-91。
陳金德 (2007)，〈綠色產業一推動太陽光電產業之策略目標與具體措施〉，臺灣經濟論衡，2007 年 12 月，頁 16-23。
陳婉如 (2004)，〈我國太陽光電產業〉，光訊，2004 年 4 月，頁 35-37。
陳婉如 (2005)，〈臺灣太陽電池產業未來展〉，光連，2005 年 7 月，頁 26-30。
陳婉如 (2006)，〈臺灣全面推動太陽光電產業發展〉，光連，2006 年 5 月，頁 27-31。
陳婉如 (2008)，〈台灣太陽光電產業製造能力向上提升〉，光連雙月刊，卷 76，頁 17-20。
陳婉如 (2009)，〈2009 全球光電之應用產品市場展望研討會系列二：太陽電池產業〉。
陳婉如 (2009)，〈2009 全球光電之應用產品市場展望研討會系列二：太陽電池產業—日本太陽光電產業現況與發展策略〉。

陳婉如 (2009)，〈全球光電之應用產品市場展望研討會系列二：太陽電池產業—韓國太陽光電產業發展策略〉。

陳榮顯 (2007)，〈取之不盡，用之不竭的太陽光電〉，工程，頁 50-60。

黃巧逸 (2007)，〈風力、太陽光電、燃料電池—臺灣新能源三大支柱〉，電工資訊雜誌，2007 年 7 月，頁 16-20、22-29。

楊俊英 (2006)，〈我國太陽光電相關技術發展與系統應用〉，永續產業發展，2006 年 10 月，頁 14-27。

熊谷秀 (2004)，〈我國太陽光電推廣現況及補助政策〉，太陽能及新能源學刊，2004 年 6 月，頁 28-32。

熊谷秀 (2006)，〈太陽光電發電應用與我國推動現況〉，臺機社專刊，2006 年 12 月，頁 5-15。

熊谷秀 (2007)，〈太陽光電知多少—太陽光電系統的應用與推動〉，瓦斯季刊，2007 年 1 月，頁 2-18。

熊谷秀 (2007)，〈我國太陽光電之推動現況與展望〉，太陽能及新能源學刊，2007 年 12 月，頁 24-28。

熊谷秀 (2007)，〈我國太陽光電推動及「Solar Top」光電建築經典示範執行現況〉，工業材料，2007 年 5 月，頁 136-144。

熊谷秀，張維志 (2008)，〈我國太陽光電政策推動與展望〉，臺灣經濟金融月刊，2008 年 2 月，頁 96-111。

劉佳怡 (2007a)，〈由我國太陽光電產業供應鍊未來發展策略〉，電機月刊，16 (3)，頁 208-213。

劉佳怡 (2007b)，〈全球矽晶體太陽電池跨國企業之研發佈局策略〉，電子電力，3 (16)，頁 65-72。

劉華美 (2009)，〈簡介歐盟 PV-ERA-NET 與第 7 期科技研發綱要計畫 (FP7) 之關係〉，能源報導，2009 年6 月。

謝惠子 (2007)，〈再創另一兆元產業一臺灣太陽光電產業協會成立〉，能源報導，2007 年10 月，頁 8。

謝惠子 (2007)，〈綠能產業發光體一太陽能產業國內外現況〉，能源報導，2007 年 10 月，頁 5。

顏文治 (2005)，〈古老智慧的新運用一目前國內太陽能之應用及推廣〉，能源報導，2005 年 2 月，頁 5-7。

網站資訊

中美矽晶製品股份有限公司相關年報內容，網站：http://www.saswafer.com/index/index_tw.aspx。

宇通光能公司網站，網站：http://www.aviso.com.tw/chinese/index.htm。

工研院。網站：http://www.itri.org.tw/chi/pvtc/。

台灣公營證卷，網站：http://www.ibts.com.tw/。

經濟部技術處 (2009) 「2008 年經濟部技術處產業技術白皮書：創新前瞻」，http://doit.moea.gov.tw/itech/preview.asp?id=93。

經濟部能源局 (2008)，「2007 年能源科技研究發展白皮書」，http://www.moeaboe.gov.tw/Policy/PoMain.aspx?PageId=energytec

hwhitepaper
國科會　台灣能源國家型計畫，http://www.nsc.gov.tw
黃鎮江 (2009)，從歐巴馬綠領政策談台灣後消費券之產業政策，經濟日報電子報，上網檢索日期：2009 年 4 月 1 日。網址：http://edn.udn.com/article/view.jsp?aid=107957&cid=11
材料世界網 (2009)，〈Sharp 研究染料敏化太陽電池提升最高轉換效率〉，線上檢索日期：2009 年 4 月14日。網址：http://www.materialsnet.com.tw/DocView.aspx?id=7675
王旭昇 (2008)，〈2009 年太陽光電產業展望，台灣工業銀行產業分析資料庫〉，線上檢索日期：2009 年 4 月14日。網址：http://www.ibt.com.tw/UserFiles/File/971111-Indus.pdf
魏茂國 (2009)，〈自 Turn-key 介入核心技術：台灣太陽光電全球突圍〉，工業技術研究院電子報。上網檢索日期：2009 年 5 月 1 日。網址：http://edm.itri.org.tw/enews/epaper/9804/a01.htm
呂雪慧 (2009)，〈點燃新能源兆元產業〉，中國時報電子報，上網檢索日期：2009 年 4 月 20 日。網址：http://news.chinatimes.com/CMoney/News/News-Page-content / 0,4993,11050701+122009042000157,00.html
吳淑君 (2008)，〈宜蘭太陽能重鎮第十家建廠〉，聯合新聞網。上網檢索日期：2009 年 4 月 30 日。網址：http://pro.udnjob.com/mag2/it/storypage.jsp?f_ART_ID=45365
徐文廣 (2008)，〈蘋果 iPod 發明者的故事 15 歲時便輟學〉，新浪科技時代。上網檢索日期：2009 年 4 月 30 日。網址：http://tech.sina.com.cn/digi/2008-09-09/0530798497.shtml

報紙文章

聯相要做太陽能霸主，（2008 年 5 月 22 日）。工商時報，B3 版。

電子期刊

尤如瑾 (2005)，〈台灣再生能源策略發展探討〔電子版〕〉，產業情報網 (IEK)，頁 4。網址：http://ieknet.itri.org.tw/ViewHTML/commentary.jsp?docdate=2005&searchtype=list¬esid=4B2DF73618FA94AA482570CC0010579B&

國家圖書館出版品預行編目資料

頂尖綠能產業動態2010-2030能源科技管理／劉美華著.--初版--.--臺北市：五南,2010.03
面； 公分.
參考書目
含索引
ISBN 978-957-11-5858-7（平裝）
1.能源技術 2.科技管理 3.綠色企業
400.15 9802477

5DD0

頂尖綠能產業動態 2010-2030能源科技管理

作　　者 — 劉華美(345.3)
發 行 人 — 楊榮川
總　　編 — 龐君豪
主　　編 — 穆文娟
責任編輯 — 陳俐穎
封面設計 — 簡愷立
出 版 者 — 五南圖書出版股份有限公司
地　　址：106台北市大安區和平東路二段339號4樓
電　　話：(02)2705-5066　傳　　真：(02)2706-6100
網　　址：http://www.wunan.com.tw
電子郵件：wunan@wunan.com.tw
劃撥帳號：01068953
戶　　名：五南圖書出版股份有限公司

台中市駐區辦公室/台中市中區中山路6號
電　　話：(04)2223-0891　傳　　真：(04)2223-3549
高雄市駐區辦公室/高雄市新興區中山一路290號
電　　話：(07)2358-702　傳　　真：(07)2350-236

法律顧問　元貞聯合法律事務所　張澤平律師

出版日期　2010年 3 月初版一刷
定　　價　新臺幣280元

凝煉知識 品味閱讀